情報の表現と
コンピュータの仕組み

［第7版］

青木 征男／奥村 進 共著

ムイスリ出版

[第 7 版]にあたって

1．改訂の背景とおもな改訂内容

　第 5 版発行からおよそ 9 年、初版の発行から 25 年の歳月が経過しました。本書は「情報のデジタル化とコンピュータの仕組み」の入門書であり、コンピュータの基礎知識の教科書です。読者の理解を深めるために、これらの基礎知識が日常的に使っているパソコンと密接に関係する具体例をあげ、随所で説明しています。原理的な事項はほとんど変化しませんが、コンピュータ関係の技術は時代とともに大きく変化しています。

　本書は、大学・高等専門学校の情報教育の基礎として長年皆様より大変ご好評を得てきました。しかし、時代の流れとともに読者の方々より内容で一部古い箇所が見られるとのご指摘もあり、このたび「第 6 版」を前提に著者は見直しをしてきました。改訂した主なところは次の通りです。

　第 4 章「2 進数・8 進数・16 進数の小数」では、コンピュータの数値計算と表現誤差に関する Column を見直し、内容を更新しました。

　第 5 章「文字コード」では、インターネット時代の標準である Unicode（ユニコード）などの説明を充実させました。

　第 11 章「コンピュータの動作」では、CPU とコンピュータの動作に関する内容を見直しました。また、Core i7 までの CPU 開発に関する Column もアップデートしました。

　第 12 章「コンピュータの命令」では、COMET、COMET II 、CASL、CASL II について新たなコメントを追加しました。

　第 13 章「記憶装置」では、光学ディスクドライブやクラウドストレージなどの補助記憶装置について最新の情報を反映しました。

　第 14 章「出力装置と画像・音のデジタル化」では、インターネット配信などで重要となるH.264 などの動画圧縮技術に関して追記しました。

　今回の改訂が読者のこの分野への興味と理解を深める助けになれば幸いです。

2．本書の利用方法

　十分学習時間がある場合は、第 0 章から最終章まで全部を学習することができます。しかし、学習時間が限られている場合、基礎となる第 3 章までの 2 進数を学習し、その後、パソコンを使っている人にとって直接役に立ち、興味がわく「文字・記憶装置・画像・音」などに関する内容を学習するのも 1 つの方法です。具体的には次の章(節)になります。参考にしてください。

　　　　　短縮コース：第 0 章〜第 3 章、第 5 章、11.1 節、第 13 章、第 14 章

　また、章末の演習問題を全部解くのが困難な場合、基礎問題と標準問題だけは解くようにしてください。わからない場合は、例題の解答例や用語の説明などを**もう一度読み直せば理解で**

きるでしょう。これらの問題を解くことにより理解が深まります。

　本書を最後まで学習した後に、もう一度最初から読み直すことを強くお勧めします。各章が独立した内容ではなく相互に関係しているので、全体を理解した後にもう一度最初から読み直すと新たな発見があり、理解が一層深まります。また、最初に読んだ時間より二度目ははるかに短い時間で読めます。このことはこの本に限らず他の本についてもいえることです。是非二度読み、三度読みを実行してください。

　最後になりましたが、本書の旧版に対して貴重なコメントを頂きました先生方に感謝致します。

2024 年 10 月　　　　　　　　　　　　　　　　　　　　　　　　　　　　　　著者ら

目　次

■　第2部　コンピュータの仕組み　■

第9章　論理回路 ························· 89

第**0**章 コンピュータと日常生活

　コンピュータという言葉を聞いて、あなたはどんなことを思い浮かべますか？　この本ではコンピュータの仕組みについて説明します。コンピュータは多くの複雑なことをすばやく処理しているので、その仕組みは複雑に見えますが、コンピュータの原理は簡単です。その仕組みをこの本で解き明かしていきます。

　この章では、コンピュータの簡単な歴史・コンピュータの特徴・身の回りのコンピュータについて見ていきます。

本章の重要語句

(1) トランジスタ　　(2) 集積回路　　(3) IC　　(4) プログラム内蔵方式
(5) 逐次処理　　(6) 並列処理　　(7) 2進数　　(8) デジタル
(9) アナログ　　(10) マイコン　　(11) パソコン　　(12) メインフレーム
(13) スーパーコンピュータ　　(14) 量子コンピュータ

本章で理解すべき事項

(1) コンピュータの特徴　　(2) コンピュータの種類

0.1 コンピュータの発明

　コンピュータ (computer) というと、**パソコン**(personal computer)を思い浮かべる人が多いでしょう。一方、計算機というと電卓をイメージする人が多いようです。電卓は電子式卓上計算機の略で、机の上にのるコンピュータのことです。電卓が作られるまでは、コンピュータといえば、一部屋を占める大きさでしたから、机の上にのる大きさのコンピュータは非常に小さいコンピュータといえます。現在の電卓は手の平の上にのるので、さらに小さくなっています。それだけコンピュータに関する技術進歩が速いといえます。まず、コンピュータの歴史を簡単に見てみます。

　コンピュータを日本語に直訳すると計算機になりますが、計算機という言葉は広い概念の言葉です。現在では、コンピュータとは**電子式計算機**のことを指します。電子式でないコンピュータには、たとえば、歯車などを使った機械式のコンピュータがありまし

た。17世紀にパスカルやライプニッツがこのような機械式の計算機(加算機)を作りました。

　最初の電子式計算機は、1946年にアメリカのペンシルベニア大学のモークリーとエッカートらが作った**ENIAC**(Electronic Numerical Integrator And Computer:**エニアック**、図0.1)だといわれています。この開発には陸軍の弾道研究所のゴールドスタインの寄与も大きく、第二次世界大戦中に大砲の命中率を上げる目的で開発されました。ENIACは**真空管**をおよそ18,000本も使っており、150kWもの電力を使い、長さ30m、高さ3m、奥行き1mと非常に大きく、重さが30トンもあるコンピュータでした。加減算は1秒間に約5,000回できる速さでした。それまでの計算機に比べるとENIACの計算速度は非常に速かったのですが、現在の電卓の方がENIACより速く計算できます。

図0.1 ENIAC

出典：Oberliesen,R."Information,Daten und Signale Geschichte
technischer Information"(Deutsches Museum 1987)より

0.2　集積回路の発明とコンピュータの小型化

　真空管には電球のように、真空にしたガラス球の中にフィラメントが入っています。このフィラメントが切れると故障します。たとえば平均1万時間使うとフィラメントが切れるとすると、1万個の真空管を使った装置は、平均1時間に1個どれかの真空管のフィラメントが切れることになります。18,800本の真空管を使ったENIACは平均1日に1本真空管が故障したそうです。これでは能率良く計算することができません。工業製品にするには部品の**信頼性**を向上させる必要があります。

　1947年にアメリカのベル研究所で**トランジスタ** (transistor)が発明され、その功績でブラッテン、バーディン、ショックレーの3人は1956年にノーベル物理学賞を受賞しました。1960年代になりトランジスタが工業製品として実用化され、トランジスタを使った

コンピュータが作られ、コンピュータの信頼性が向上し、**消費電力**も少なくなりました。

1959年にアメリカのテキサスインスツルメント(TI)社のキルビーが**集積回路**(IC : Integrated Circuit)を発明しました。ICとは1cm角位の小さな薄い板の上に、抵抗やトランジスタなどの回路部品を多数集積したものです。コンピュータにICを使うようになり、コンピュータは信頼性が向上するとともに小型化しました。その後、ICの集積度は年々向上し、それに伴ってコンピュータはさらに小型化し、処理速度も飛躍的に向上しました。

1971年にインテル社は**マイクロプロセッサ**(microprocessor)を開発しました。これが有名な4004です。マイクロプロセッサはコンピュータの頭脳に相当する回路部分を1個のICにしたものです。現在では1cm角位のマイクロプロセッサに10億個以上のトランジスタが入っています。マイクロプロセッサに周辺回路を追加したものを**マイコン**(micro computer)と呼んでいます。マイコンは超小型のコンピュータであり、現在は多くの工業製品や家電品に使われています。

最初の実用的な**パソコン**は1977年にアップル社が開発したApple IIでしょう。1981年にIBM社が**OS**(Operating System : **基本ソフトウェア**)にMS-DOSを使ったパソコンを発売してから、パソコンが広く普及しはじめました。表0.1にコンピュータおよびそれに関連する技術の簡単な歴史を示します。

表0.1 コンピュータおよびそれに関連する技術の簡単な歴史

西 暦	出 来 事
1942年	アタナソフ＝ベリー・コンピュータ（電子式デジタルコンピュータ）の開発
1946年	電子計算機ENIACの公開
1947年	トランジスタの発明
1949年	プログラム内蔵方式のコンピュータEDSACの開発
1959年	ICの発明
1964年	メインフレーム IBM System/360の発売
1965年	ミニコンピュータDEC PDP-8の発売
1969年	ARPANET（インターネットの前身）の出現、UNIXの登場（AT&Tベル研究所）
1970年代～	インターネットの発展
1971年	4ビットCPUの登場：Intel 4004
1974年	8ビットCPUの登場：Intel 8080
1975年	パソコンの登場：Altair 8800
1976年	スーパーコンピュータCRAY-1の発売
1977年	パソコンApple IIの発売
1978年	16ビットCPUの登場：Intel 8086
1980年代～	マウスとGUI(Graphical User Interface)の普及
1981年	MS-DOS（16ビットオペレーティングシステム）の発売、IBM PCの発売 ラップトップコンピュータの登場：Epson HX-20
1983年	国産スーパーコンピュータ第1号NEC SX-1稼働開始
1984年	Macintosh 128Kの発売（Appleから発売された最初のMacintosh）
1985年	32ビットCPUの登場：Intel 80386
1990年代～	インターネットの商業利用
1995年	Windows 95（32ビットオペレーティングシステム）の発売
2000年代～	スマートフォンとモバイルテクノロジーの普及、ソーシャルメディアの成長
2003年	64ビットCPUの登場：AMD Athlon 64
2004年	総務省 u-Japan政策を発表
2005年	デュアルコアプロセッサの登場：Intel Pentium D 800シリーズ Windows XP Professional x64 Edition（64ビットオペレーティングシステム）の発売
2007年	アップル社がアメリカでiPhone（iOSがオペレーティングシステム）を発売
2008年	Androidオペレーティングシステムのリリース
2009年	仮想通貨におけるブロックチェーンの実用化
2010年代～	クラウドコンピューティングの普及、IoTの発展、サイバーセキュリティの重要性 人工知能と機械学習の深化（ビッグデータ、ディープラーニング、生成AI）
2016年	DeepMindが開発したAlphaGoが囲碁で人間のチャンピオンに勝利
2019年	Googleが量子コンピュータSycamoreを用いて量子超越性を達成
2020年	商用量子コンピュータの登場：IBM Quantum System One
2021年	国産スーパーコンピュータ「富岳」の稼働開始
2023年	国産量子コンピュータの稼働開始

0.3 プログラム内蔵方式

コンピュータは**プログラム**(program)に従って自動的にデータを処理します。コンピュータに処理させたい内容をプログラムという形で表現します。世界初の電子計算機ENIACは電気回路でプログラムを実現していました。言い換えれば、別の計算を行うためにプログラムを作り直すには、電気配線を変更する必要があったのです。実際には6,000個のスイッチを切り替えていたのですが、この方法ではプログラムを変更するのは大変です。これに対して、現在のほとんどのコンピュータはプログラムとデータをコンピュータの**記憶装置**に記憶しています。記憶装置の内容を変更するだけでプログラムを変更できます。すなわち、ENIACのようにハード的な変更は不要で、ソフト的な変更だけでよいのです。このように、プログラムとデータをコンピュータの記憶装置に記憶する方式を**プログラム内蔵方式**(Stored Program)と呼んでいます。この方式はフォン・ノイマン(Von Neumann)が1946年に提案したといわれており、プログラム内蔵方式のコンピュータを**ノイマン型コンピュータ**と呼ぶこともあります。世界初のノイマン型コンピュータはウィリクスが1949年に開発したEDSACです。

コンピュータにおける命令処理の基本は、プログラムに記述された命令を順番に実行する**逐次処理**方式です。これに対して、処理速度を向上させるため1台のコンピュータに複数のマイクロプロセッサを搭載するなどの工夫をして、複数の命令を並列に実行する**並列処理**方式のコンピュータも実用化されています。興味のある人は自分で調べてみるとよいでしょう。

0.4 デジタルコンピュータと2進数

日常生活では10進数を使います。ENIACも10進数を使っていました。しかし、現在のコンピュータは**2進数**(binary number)を使っています。コンピュータが開発されるより前に、シャノン(C.E.Shanon)は「論理回路の真と偽は電気回路のonとoffの状態に対応させることができる」ことを明らかにしました。このシャノンの論文がもとになり、コンピュータに2進数が使われるようになったといってもよいでしょう。ENIACと現在のコンピュータの比較を表0.2に示します。

表0.2 ENIACと現在のコンピュータの比較

	ENIAC	現在のコンピュータ
論理素子	真空管	IC (VLSI)
プログラムの実現方法	電気回路の配線	プログラム内蔵方式（記憶装置に記憶）
数の表現	10進数	2進数

　コンピュータには多くの種類がありますが、それらはすべて、**デジタルコンピュータ**です。昔、アナログコンピュータが研究されたことがありますが、現在ではほとんど使われていません。**デジタル**(digital)は離散的(飛び飛びの値)、**アナログ**(analog)は連続的です。デジタルコンピュータの基礎はデジタル、言い換えれば2進数です。日常生活で使っている10進数は0〜9の10種類の文字を使って数を表現しますが、**2進数ではすべての数を0と1で表現**します。

　コンピュータでは、数値・文字・音声・画像など多種多様な**情報**をすばやく処理しており、これらの情報はコンピュータ内部では2進数で表現されています。また、コンピュータの記憶装置にはプログラムも記憶されていますが、プログラムも2進数で表現されています。以下の章で**数値と文字がコンピュータ内部でどのように表現され、処理されているか**を説明します。

0.5　コンピュータの種類

身の回りにどのようなコンピュータがあるかを見てみましょう。

● ゲーム機：ゲーム専用のコンピュータ。

● **マイコン**：micro computerの略であり、コンピュータの心臓部を1個のICにしたもので、洗濯機・炊飯器・エアコン・自動車・カメラなどに入っている。

● **パソコン**（**PC**）：Personal Computerの略であり、個人所有を前提とした小型のコンピュータ。

● ワークステーション(WS：WorkStation)：パソコンより上位のコンピュータで、ネットワークの**サーバー**などに使われている。また、**EWS**(Engineering WS)は技術者向けのコンピュータで、電子回路の設計などに使われている。

● 制御用コンピュータ：制御を対象としたコンピュータで、工場の自動生産ラインの制御・列車の運転制御・原子力発電所の運転制御などに使われている。

● **メインフレーム**：企業の基幹業務などに使われる大規模のコンピュータで、汎用コンピュータ・大型コンピュータとも呼ばれている。銀行の金融システム・新幹線などの座席予約システム・航空路管制システムなどに使われている。

● **スーパーコンピュータ**：数値計算専用のコンピュータで、高層建築の強度計算や天気予報の計算などに使われている。

● **量子コンピュータ**：量子ビットやqubit (キュービット)と呼ばれる情報の新しい形態を使用し、これまでのコンピュータとは異なる計算原理を利用しているコンピュータである。量子超越性という現象を活かして、一部の問題やアルゴリズムにおいて通常のコンピュータよりも圧倒的な性能向上が期待されている。

このように、コンピュータには**メインフレーム（大型コンピュータ）**や**スーパーコンピュータ**のように1台何千万円あるいは何億円もするものから、**パソコン**のように数万円のものまで、多くの種類があります。その他にも、一般の人がコンピュータとは意識していない、**マイコン**と呼ばれるコンピュータもあります。マイコンは、炊飯器・掃除機・洗濯機・冷蔵庫・エアコン・ビデオ・カメラ・自動車・駅の自動改札機・切符販売機など、日常生活で使う多くのものに入っています。

【例題 0-1】　炊飯器に使われているマイコンはどのような情報が**入力**され、どのような**処理**をして、どのような情報を**出力**しているのか（あるいは、すればよいか）を説明して下さい。

解答例　炊飯器に組み込まれたマイコンには、ご飯をおいしく炊くプログラムが入っています。ご飯を炊くには、炊飯器に流す電流を制御する必要があります。ご飯を炊く量に応じて、電流を流す時間は変わります。電流を流すことにより、ヒーターの温度が上がり、ご飯が炊けます。しかし、電流を流しすぎて温度が高くなりすぎるとご飯が黒焦げになります。そこで、温度センサーを使って温度を測定し、電流を制御する必要があります。

普通、炊飯器にはタイマーが付いていて設定した時間に炊きあがり、その後、保温状態になります。また、普通のご飯を炊くだけでなく、「おかゆ」や「玄米のご飯」も炊けるように、ご飯の種類を選択するボタンが付いています。以上のことから、次のように、まとめることができます。

1. マイコンへの入力情報
   釜の温度（温度センサーの測定結果）
   炊き上がり時間（タイマーの設定時間）
   ご飯の種類（選択ボタン）
2. マイコンの処理内容と出力情報
   a) 設定時間になったら、電流を流しはじめる。
   b)「おいしく炊くプログラム」に従って、電流量を制御する。このプログラムは温度センサーで測定した温度や、ご飯の種類に基づき、電流を制御する。
   c) ご飯が炊き上がったことを感知したら、保温に切り替え、表示窓に炊き上がったことを表示し、終了ブザーを鳴らす。

【例題0-2】　コンピュータが使われている**システム**をあげて、そのシステムの中
で、コンピュータがどのように使われているかを説明して下さい。

解答例

1．コンピュータが使われているシステムの例：銀行の現金自動預入払出機(ATM)

2．ATMでのコンピュータの使われかたの説明

    a) ATMの画面で、引き出し、預け入れ、通帳記入などのサービスの種類を使用者
が選ぶと、それに対応した、画面を表示する。

    b) 引き出しの場合には、使用者がカードと暗証番号を入れる(他の場合の説明は省
略します)。

    c) カードの磁気面に記録されている口座番号や、入力された暗証番号などのデー
タは、ATMから銀行の本店(計算センター？)にある大型コンピュータに送られ
る。

    d) 大型コンピュータに記録されているデータとATMから送られてきたデータを比
較し、暗証番号が正しければ、引き出す金額を入力する画面をATMの画面に表
示する。暗証番号が間違っている場合は、再入力を促す画面を表示し、b)に戻
る。

    e) 使用者が引き出す金額をATMに入力すると、そのデータが大型コンピュータに
送られる。

    f) 大型コンピュータに記録されている残高を調べ、支払い可能なら、支払い記録
を書き、残高を減らす。

    g) ATMではお札を数え、お金を受け取りボックスに送り出す。

    h) ATMの画面に「お金を受け取って下さい」というメッセージを出す。

    i) 使用者がお金を受け取ったら、初期画面を表示し、a)に戻る。

Column

アナログとデジタル

アナログと**デジタル**という言葉を聞いたことがあると思います。アナログは連続した量であり、デジタルは飛び飛びの値です。

たとえば、音は波であり、図0.2の左部に示すsin関数で表現できます。これはアナログです。それに対して、2進数は0と1の2つの値しかもたないので、デジタルです。電気的には図0.2の右部に示すパルス波形で表現することができます。時計にはアナログ時計とデジタル時計があります。時刻を針の回転角度で表示しているのがアナログ時計で、時刻を1, 2, 3などの数字で表示しているのがデジタル時計です。

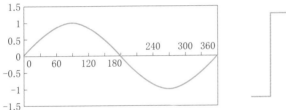

図0.2 アナログ（sin波形）とデジタル（パルス波形）

2進数と**デジタル回路**は密接な関係があります。最近のデジタル回路技術の進歩に伴い、日常生活が大きく変化しています。たとえば、アナログ回線を利用した従来の電話に代わり、デジタル回線を利用した電話が増加しています。携帯電話やスマートフォンの普及もデジタル回路技術に依存しています。また、デジタルTVが普及し、一般の家庭でも100チャンネル以上のデジタルTV放送を受信できるようになりました。多くの人が使っているコンピュータも、もちろん**デジタルコンピュータ**です。このように、2進数に基礎を置くデジタル回路技術が、現在の社会を支えているといっても過言ではありません。

Column

AI（人工知能、Artificial Intelligence）

　AIは、コンピュータや機械に人間の知能や学習能力を模倣・実現させる技術や分野のことを指します。AIの歴史は長く、その概念は1950年代にさかのぼります。初期のAIは、知識ベースと推論エンジンに基づいたエキスパートシステムとして登場し、ある限定された領域における特定のタスクが実行できました。しかし、多くの課題がありました。

　1980年代から1990年代にかけて、統計的手法や機械学習のアプローチが注目され、大量のデータからそのデータ固有のパターンを学習させ、そのパターンを用いて問題に対処することが可能になりました。統計的機械翻訳や画像認識がその例として挙げられます。

　近年では、**深層学習**がAIを深化させています。とくに、**ニューラルネットワーク**を多層に組み合わせた**ディープラーニング**が高度な認識タスクや生成タスクで優れた性能を発揮しています。ハードウェアの進歩と大量のデータにより、AIは自然言語処理、画像認識、音声認識、動画認識をはじめ、画像生成、文章生成、音声生成、動画生成、デザイン生成、ゲーム開発など多岐にわたる領域で人間に匹敵する能力を示すようになりました。AIの適用分野は、医療、金融、交通、製造など多岐にわたります。また、自動運転やロボットなど、日常生活にも浸透しつつあります。

　一方で、AIには課題もあります。倫理的な問題、プライバシー、アルゴリズムのバイアスなどが挙げられます。これらの課題に対処するための研究も進行中です。将来的には、AIは人間と共存し、社会全体に影響を与えることになりますが、その進化には慎重なアプローチが求められています。

本章の要点

1．ICの発達によりコンピュータは小型化し、信頼性が向上し、消費電力が少なくなりました。

2．コンピュータにはマイコン、パソコン、スーパーコンピュータなど多くの種類があります。

3．コンピュータの内部では文字・画像・音声などすべての情報が2進数で表現されています。

演習問題

1．次の文章の空欄に入れるべき適切な語句を解答群から選んで下さい。

　　1946年にENIACというコンピュータが開発されましたが、このコンピュータには
（　1　）が使われており、消費電力も多く、また、すぐ故障し、長時間連続して
運転することができませんでした。1947年に（　2　）が発明され、トランジスタ
が真空管の代わりに使われるようになり、コンピュータの（　3　）が向上すると
ともに、小型化しました。（　4　）がコンピュータに使われるようになり、コン
ピュータはさらに小型化し、処理速度が速くなりました。最近は家電品にも
（　5　）と呼ばれる超小型のコンピュータが組み込まれるようになりました。

　解答群　真空管、トランジスタ、IC、パソコン、マイコン、信頼性、消費電力

2．次の文章の空欄に入れるべき適切な語句を解答群から選んで下さい。

　　コンピュータはいろいろな処理を（　1　）に従って自動的に処理します。世界
最初のコンピュータENIACでは、プログラムは電気配線で実現していましたが、現
在のコンピュータではプログラムを（　2　）に記憶させています。この方式を
（　3　）方式と呼びます。プログラム内蔵方式のコンピュータでは、プログラム
の他に（　4　）も記憶装置に記憶させています。また、ENIACでは10進数を使っ
ていましたが、現在のコンピュータは（　5　）進数を使った（　6　）コンピュー
タです。

　解答群　プログラム、データ、記憶装置、演算装置、プログラム内蔵、アナログ、
　　　　　デジタル、2、8、10、16

1．マイコンが使われている製品を10個以上あげて下さい。
2．コンピュータが使われているシステムを10個以上あげて下さい。
3．コンピュータとパソコンの違いを説明して下さい。

1．マイコンが使われている製品を1つ取り上げ、そのマイコンへの入力情報と処理内
　　容を考え、[例題0-1]にならって、次のことを書いて下さい。
　　　1）マイコンへの入力情報　　　　2）マイコンの処理内容

2．コンピュータが使われているシステムを1つ取り上げ、そのシステムでのコンピュータの使われかたを[例題0-2]にならって、説明して下さい。

第1章　コンピュータと2進数

　コンピュータは多くの複雑な処理をすばやく実行します。最近のコンピュータでは、文字も画像も音声も扱うことができます。コンピュータの中ではどのようにして、これらの情報を処理しているのでしょうか？　この本ではコンピュータの仕組みの基本的な事項について説明します。

　コンピュータでは文字も画像も音声も扱うことができます。これらの**情報（データ）**はすべてコンピュータ内部では**2進数**（binary number）で表現されています。**2進数とは0と1で表現された数**です。コンピュータの仕組みを理解するにはまず、2進数を理解する必要があります。この章では2進数の原理的な説明およびコンピュータと2進数との関係を説明します。

本章の重要語句

- (1) 2値状態　　(2) 多値状態　　(3) 10進数　　(4) decimal　　(5) 2進数
- (6) binary

本章で理解すべき事項

- (1) コンピュータ内部で2進数を使う理由
- (2) コンピュータで使われている2値状態を表現する具体的な方法
- (3) 2値状態を表現できるものを複数使うと、多くの状態を表現できること

1.1　2値状態

　物は「多数の状態」になることが可能ですが、「2つの状態」しか存在しない物もあります。2つの状態しか存在しない状態を**2値状態**といいます。1つの物で2つの状態を表現する物がたくさんあります。このような例をいくつかあげてみます。

【例題 1-1】　2 値状態の例をあげてください。

解答例
1) 床屋の赤・青・白の3色の円柱
　　　回転している状態：開店していることを表す
　　　止まっている状態：閉店していることを表す
2) パトカーのサイレン
　　　鳴っている状態　　：緊急事態であることを表す
　　　鳴っていない状態：平常事態であることを表す
3) そば屋の暖簾(のれん)
　　　暖簾がかかっている状態　　：営業していることを表す
　　　暖簾がかかっていない状態：閉店していることを表す
4) ワンマンバスの「次止まります」のランプ
　　　ランプが点いている状態：次のバス停で降りる乗客がいることを表す
　　　ランプが消えている状態：次のバス停で降りる乗客がいないことを表す
5) 相撲の星とり表
　　　白丸○：勝ちを表す
　　　黒丸●：負けを表す

　2 値状態では中間の状態が存在しないことに注意して下さい。上記の[解答例] 1) では「止まっている状態」と「回転している状態」の2つの状態を考えましたが、「止まっている状態」「ゆっくり回転している状態」「速く回転している状態」の3つの状態を考えることも可能です。さらに「1分間に1回転している状態」「1分間に2回転している状態」…「1分間に100回転している状態」を考えれば100個の状態を表現することも可能です。このような多くの状態を「2値状態」に対して**多値状態**と呼びます。しかしこのような多値状態を使うと、どのような状態かを識別するのが困難になります。上記の場合は回転数を数える必要があり、どのような状態かを簡単に識別できません。また、数え間違えて別の状態だと誤認識する可能性も高くなります。また回転速度を正確に制御しないと回転数が狂い、意図した状態を表現できない場合も生じます。それに対して、**2値状態は状態の判定が簡単であり、2値状態を実現するのも容易**です。次節で説明しますが、これが、コンピュータ内部で2進数を使う理由の1つです。

1.2 コンピュータで2進数を使う理由

　コンピュータは高速にいろいろな情報を処理しますが、コンピュータ内部ではすべての情報が2進数で表現されています。日常生活で使っている10進数では0から9までの10種類の文字を使って数を表現しますが、2進数では0と1の2種類の文字を使ってすべての数を表現します。

　コンピュータの内部では10進数を使わず、なぜ2進数を使うのでしょうか？　2進数は0と1の2種類の文字しか使っていないので、2値状態を扱っていることになります。前節で説明したように、**2値状態は状態の判定が簡単であり、2値状態を実現するのも容易で**す。このような理由でコンピュータ内部では2進数を使っています。

　2進数の0と1を表現する方法はいろいろあります。コンピュータ内部で使われている例を、次にいくつかあげます。

【例題 1-2】　コンピュータで使われている、2値状態(0 と 1)の具体的な表現方法をあげて下さい。

解答例　　　【重要】
 a) **トランジスタ**に電流が流れている状態と、流れていない状態。
 b) トランジスタに電圧が印加されている状態と、印加されていない状態。
 c) コンデンサーに電荷が貯えられている状態と、貯えられていない状態。
 d) 磁石のN極が上を向いている状態と、下を向いている状態。

1.3 複数組の2値状態

　ある1つの装置で2値状態を表現できることを説明しました。たとえば、電球という1つのもので、電球が点いている状態と消えている状態の2つの状態を表現できます。この電球を2個、あるいは3個使った場合はいくつの状態を表現できるでしょうか？

【例題 1-3】　2値状態を表現できるものを複数使った装置の例をあげて下さい。

解答例

　道路の信号機は「赤」「黄」「青」の3色の電球で「止まれ」「注意」「進め」の3つの状態を表現しています。普通、これらの3個の電球が2個以上同時に点くことはありませんが、鉄道の信号では2個の電球が同時に点くことがあります。たとえば表1.1のように、3個の電球を使って5つの状態を表現することができます。表1.1では○は電球が点

いている状態を、●は電球が消えている状態を表しています。この信号機では3つの電球を使い、5つの状態を表現し、電車の速度を制御していることになります。

表1.1　信号機の点灯状態と電車の速度の例

青	黄	赤	電車の状態
○	●	●	時速80km以上
○	○	●	時速80km〜40km
●	○	●	時速40km〜20km
●	○	○	時速20km以下
●	●	○	停車

○：電球が点いている状態
●：電球が消えている状態

1.4　10進数と2進数

通常我々が使っている数は、0, 1, 2, 3, 4, 5, 6, 7, 8, 9の10種類の文字を使って数を表現しています。9の次は繰り上がって10になります。このような数を**10進数**（decimal number）と呼びます。時計は10進数を使っていません。60秒は1分で、60分は1時間です。このように60で繰り上がる数えかたを60進数といいます。時計など特殊な場合は60進数を使いますが、日常生活の多くの場面では10進数を使っています。一方、コンピュータの内部では**2進数**（binary number）を使っています。**2進数は0と1の2種類の文字を使い、1の次は繰り上がって10(イチゼロ)になります。**

> 10 進数：0〜9 の 10 種類の文字を使って数を表現。9 の次は繰り上がって 10（ジュウ）になる
>
> 　2 進数：0 と 1 の 2 種類の文字を使って数を表現。1 の次は繰り上がって 10（イチゼロ）になる

1.5　天秤ばかりと2進数

重さが1g, 2g, 4gの分銅が各々1個ある天秤を考えます。計りたい物質を左側の皿にのせ、分銅を右側の皿にのせ、左右のバランスが取れれば物質の重さがわかります。この天秤を使って分銅の組み合わせを工夫すれば、1g〜7gまでの重さを計ることができます。

> 【例題 1-4】　重さが 1g, 2g, 4g の分銅を使って、1g〜7g までの重さを計る場合の、分銅の組み合わせを示して下さい。

解答例 表1.2のような組み合わせで、1g〜7gまでの重さを計ることができます。

表1.2　1g〜7gまでの重さを計るための分銅の組み合わせ

重さ(g)	分銅の組み合わせ
1	0 + 0 + 1（1gの分銅をのせる）
2	0 + 2 + 0（2gの分銅をのせる）
3	0 + 2 + 1（2gと1gの分銅をのせる）
4	4 + 0 + 0（4gの分銅をのせる）
5	4 + 0 + 1（4gと1gの分銅をのせる）
6	4 + 2 + 0（4gと2gの分銅をのせる）
7	4 + 2 + 1（4gと2gと1gの分銅をのせる）

Column

2進数とデジタル回路

　2値状態を表現するものを7個使えば、0〜127まで表現できます（[応用問題]問題3参照）。一方、多値状態を表現できるものを使えば、1個のもので1〜100を表現することが可能です。たとえば、トランジスタに印加する電圧を1/100V（10mV）の精度で制御し、印加電圧で数を表すことができます。0.01Vなら1を、0.02Vなら2を表すことにすれば、1V以下の電圧を印加して1〜100を表現できます。しかし、電圧を1/100Vの高い精度で測定する必要があります。また雑音（ノイズ）により電圧が1/100V変化しても、別の値だと誤認識してしまいます。多値状態を表現するものを使うとこのような欠点があります。

　トランジスタに印加する電圧を0Vか1Vのどちらかに決めておくと、2値状態の素子として使えます。この場合、1/10V程度の測定精度があればよく、また、1/10V程度の雑音があっても誤認識しません。このように、2値状態を表現する素子を使うと、多数の素子を必要としますが、それほど厳しい精度が要求されず、また**雑音にも強く**なります。2値状態を表現するものを使うとこのような長所があります。これも、コンピュータ内部で2進数を使う理由の1つです。

　2値状態を扱う回路がデジタル回路で、2進数と密接な関係があります。このような理由で、最近、従来のアナログ回路に代わって、デジタル回路が多く使われるようになってきました。

```
┌─────────────────────────────────────────────────────────────┐
│ ■本章の要点                                                    │
│  1．コンピュータ内部では2進数を使います。                       │
│  2．2値状態は実現するのが容易で、2値状態の判定も容易です。      │
│  3．デジタル回路は雑音に強い。                                 │
│  4．複数のトランジスタを組み合わせると多数の状態を表現できます。たとえば、│
│    10個のトランジスタで $2^{10} = 1024$ 個の状態を表現できます。 │
└─────────────────────────────────────────────────────────────┘
```

演習問題

■基礎問題

1．次の文章の空欄に入れるべき適切な語句を解答群から選んで下さい。

　　日常生活では普通10進数を使っていますが、コンピュータでは（　　1　　）を使っています。電球は点いている状態と消えている状態の2つの状態があります。このような2つの状態を（　　2　　）と呼びます。コンピュータでは2値状態を表現できる素子を組み合わせて、（　　3　　）を記憶しています。

　　10進数の計算では「1 ＋ 1」は2になりますが、2進数の計算では「1 ＋ 1」は（　　4　　）になります。すなわち、10進数の2は2進数では10と表現できます。

　■解答群　2進数、10進数、60進数、2値状態、多値状態、複数状態、情報、1、2、5、10、11

2．[例題1-1]の[解答例]以外の2値状態を5個以上列挙し、何を表している状態かを説明して下さい。

3．コンピュータで使われている、2値状態(0と1)の具体的な表現方法を4つ以上あげて下さい。

■標準問題

1．[鉄道の信号機]　表1.1では3個のもの(電球)を使って5つの状態を表現しました。実際の鉄道の信号では、すべての電球が点いた状態や、すべての電球が消えている状態は使っていませんが、原理的にはこれらの状態を考えることが可能です。2値状態を表現できる3個のものを使って、全部で何個の状態を表現できるかを求めて下さい。また、その状態を表1.1にならって示して下さい。

2．[電卓の数字表示方式]　電卓の計算結果が数字表示窓に表示されますが、その数字の字体は特殊な形になっています。この表示装置では、7個の素子の2値状態(onとoff)の組み合わせで、10個の状態(0〜9の数字)を表現しています。しかし、2値状態を表現できる7個の素子を使えば、もっと多数の状態を表現できます。2値状態を表現できる7個の素子を使えば、何個の状態を表現できるかを求めて下さい。

3．[例題1-3]では3色の電球のonとoffの組み合わせで、5つの状態を表現する例を示しました。

　　この例のように、2値状態を表現できる複数個の物を使って、多数の状態を表現している例を3個以上あげて、2値状態を表現しているものと、これを組み合わせた状態を説明して下さい。

4．コンピュータで2進数が使われる理由を説明して下さい。

応用問題

1．重さが1g, 2g, 4g, 8gの分銅を各々1個使えば、1g〜15gまでの重さを計ることができます。分銅の組み合わせを表1.2にならって作成して下さい。

2．a) 重さが1g, 2g, 4g, 8g, 16gの分銅を各々1個使えば、1gから何gまでの重さを計ることができるか求めて下さい。

　　b) その重さを計るための分銅の組み合わせを、表1.2にならって作成して下さい。

3．前問の分銅の重さは2^ng ($1=2^0$, $2=2^1$, $4=2^2$, $8=2^3$, $16=2^4$)になっています。このような分銅をここでは「2進数分銅」と呼ぶことにします。上記の[問題1]で求めたように、4種類の分銅を使って1g〜15gまでの重さを計ることができます。また、[問題2]で求めたように、5種類の分銅を使って1g〜31gまでの重さを計ることができます。では、2進数分銅を使って、1g〜127gまでの重さを計るには、何種類の分銅が必要かを求めて下さい。また、その分銅の重さをすべて列挙して下さい。

4．普通の上皿天秤には1g, 2g, 2g, 5g, 10g, 20g, 20g, 50gなどの分銅があります。これら8個の分銅を使って1g〜110gまで計ることができます。前問で求めたように2進数分銅では7個で127gまで測定できます。このように2進数分銅は少ない分銅で測定できます。では、2進数分銅を使って1g〜1000gまで測定するには、何種類の2進数分銅が必要かを求めて下さい。また、普通の分銅より、分銅の数が少ないことを確かめてください。

　　ヒント　普通の分銅の組み合わせ：1g, 2g, 2g, 5g, 10g, 20g, 20g, 50g, 100g, 200g, 200g, 500g　（合計12個）

【第1章の演習問題全体に対するヒント】

1．2値状態を実現できる素子(トランジスタなど)の数と、表現できる状態の数。
　(a) 2値状態を実現できる素子1個で表現できる状態の数：2個
　(b) 2値状態を実現できる素子2個で表現できる状態の数：$2 \times 2 = 2^2 = 4$個
　(c) 2値状態を実現できる素子3個で表現できる状態の数：$2 \times 4 = 2^3 = 8$個(標準問題1)
　(d) 2値状態を実現できる素子4個で表現できる状態の数：$2 \times 8 = 2^4 = 16$個
　(e) 2値状態を実現できる素子7個で表現できる状態の数：$2^7 = 128$個(標準問題2)

2．具体的な状態は表1.3のように表現できる。ここで○と×は2値状態の1つを表す。

表1.3　2値状態を実現できる素子の数と、表現できる状態の具体例

(a)

No.	a
0	×
1	○

(b)

No.	b	a
0	×	×
1	×	○
2	○	×
3	○	○

(c)

No.	c	b	a
0	×	×	×
1	×	×	○
2	×	○	×
3	×	○	○
4	○	×	×
5	○	×	○
6	○	○	×
7	○	○	○

(d)

No.	d	c	b	a
0	×	×	×	×
1	×	×	×	○
2	×	×	○	×
3	×	×	○	○
4	×	○	×	×
5	×	○	×	○
6	×	○	○	×
7	×	○	○	○
8	○	×	×	×
9	○	×	×	○
10	○	×	○	×
11	○	×	○	○
12	○	○	×	×
13	○	○	×	○
14	○	○	○	×
15	○	○	○	○

　表1.3(a)は1個の素子aの場合で、No.0とNo.1の2個の状態を表現できる。
　表1.3(b)は2個の素子aとbの場合で、No.0～No.3の4個の状態を表現できる。ここで、素子aの状態に注目すると、No.0～No.1とNo.2～No.3の青枠の内部は、表1.3(a)と同じである。
　表1.3(c)は3個の素子a、b、cの場合で、No.0～No.7の8個の状態を表現できる。ここで、素子aとbの状態に注目すると、No.0～No.3とNo.4～No.7の青枠の内部は、表1.3(b)と同じである。表1.3(d)も同様である。
　表1.3(a)から(d)へと素子数が1個増えると、状態の数は2倍になり、**素子数がn個の場合の状態の数は2^n個になる**ことがわかる。なお、表1.3(d)は応用問題1に対応する。
　応用問題3の2進数分銅との対応で説明すると、素子aは1g、bは2g、cは4g、dは8gの分銅に対応し、×は分銅をのせない、○は分銅をのせるに対応し、No.は重さに対応する。

第2章 2進数と10進数

前章では**2進数**の原理的な説明をしました。この章では2進数と10進数の相互変換の方法を説明します。電子工学や情報工学に関する他の講義を理解するためにも、2進数の理解は必須事項です。このような計算は確実にできるようになって下さい。

本章の重要語句

(1) 重み　　(2) weight　　(3) 下位桁(けた)　　(4) ビット　　(5) bit

(6) バイト　(7) byte　　　(8) K（キロ）　　　(9) M（メガ）　　(10) G（ギガ）

(11) T（テラ）　(12) P（ペタ）　(13) m（ミリ）　　(14) μ（マイクロ）

(15) n（ナノ）　(16) p（ピコ）　(17) f（フェムト）

本章で理解すべき事項

(1) 2進数を10進数に変換する方法　　　(2) 10進数を2進数に変換する方法

(3) 2^n と重みと2進数の関係　　(4) 2進数とビットの関係　　(5) ビットとバイト

(6) 記憶容量の単位　　　　　　　(7) 2進数の加算　　　　　(8) 補助単位の意味

2.1 2進数を10進数に変換する方法

最初に10進数の意味について説明します。10進数の「567」は漢字で書くと「五百六十七」となり、百が5個、十が6個、一が7個という意味です。この百や十を**重み**（weight）といいます。

「567」と「765」は同じ数字を使っていますが、意味が違います。数字が書かれた位置により値が変わります。「567」の「5」は百の位の位置に書かれており「五百」を、「765」の「5」は一の位の位置に書かれており「五」を意味します。「567」を重みを使って書くと、次のようになります。

$$567 = 5 \times 100 + 6 \times 10 + 7 \times 1$$
$$= 5 \times 10^2 + 6 \times 10^1 + 7 \times 10^0 \tag{2-1}$$

このように10進数は右から左へ順に 10^0, 10^1, 10^2, 10^3, 10^4, … の重みを持っています。

　2進数は右から左へ順に 2^0, 2^1, 2^2, 2^3, 2^4, … の重みを持っています。このことから、2進数の 0 の桁を無視し「1 の桁に対応した重みの和」を計算すれば、2 進数を 10 進数に変換できます。

　なお、2進数の1101は10進数の千百一と区別がつかないので、2進数であることを明示するために、本書では進数を表す2を下に書き、$(1101)_2$ と書くことにします。同様に10進数の千百一は$(1101)_{10}$ と書くことにします。

　2進数は10進数に比べ桁数が多くなり、見にくくなります。そこで、この本では**下位桁**(右側の桁)から**4桁**ずつ区切って表示することにします。たとえば、[例題2-1]の問題b)は次のように書きます。

$$(11111000110)_2 = (111\ 1100\ 0110)_2$$

【例題2-1】　次の2進数を10進数に変換して下さい。　　　【重要】

　　　　　a) $(1101)_2$　　　　　　　　b) $(111\ 1100\ 0110)_2$

解答例

a) $(1101)_2 = 1 \times 2^3 + 1 \times 2^2 + 0 \times 2^1 + 1 \times 2^0$

　　　　　 $= 1 \times 8 + 1 \times 4 + 0 \times 2 + 1 \times 1$

　　　　　 $= (13)_{10}$　　　　　　　　　　　　　　　　　　　　　　　(2-2)

b) $(111\ 1100\ 0110)_2 = 1 \times 2^{10} + 1 \times 2^9 + 1 \times 2^8 + 1 \times 2^7 + 1 \times 2^6 + 1 \times 2^2 + 1 \times 2^1$

　　　　　　　　　　　 $= 1024 + 512 + 256 + 128 + 64 + 4 + 2$

　　　　　　　　　　　 $= (1990)_{10}$　　　　　　　　　　　　　　　(2-3)

　$(1101)_2 = (13)_{10}$ という結果は、1章の[応用問題]問題1で、13gの重さを計るために天秤ばかりに8g, 4g, 1gの分銅をのせたことに対応します。

　2^0, 2^1, 2^2, 2^3, 2^4,…, 2^{10}の値を表2.1に示します。これから2進数の計算が何回も出てきますので、これらの2^nの値は暗記しておいた方が便利でしょう。

【重要】　　$2^{10} = 1024$

表2.1　2進数と10進数の関係

冪(べき)n	2^n	10進数	2進数
0	2^0	1	1
1	2^1	2	10
2	2^2	4	100
3	2^3	8	1000
4	2^4	16	1 0000
5	2^5	32	10 0000
6	2^6	64	100 0000
7	2^7	128	1000 0000
8	2^8	256	1 0000 0000
9	2^9	512	10 0000 0000
10	2^{10}	1024	100 0000 0000

2.2　10進数を2進数に変換する方法

2進数を10進数に変換するには、前節で説明したように、**2進数の0の桁を無視し「1の桁に対応した重みの和」**を計算すれば、求まります。逆に10進数を2進数に変換するにはどのようにするのでしょうか？　この方法はいくつかあります。ここでは、次の2つの方法を紹介します。

【例題 2-2】　10 進数$(364)_{10}$を 2 進数に変換して下さい。　　【重要】

解答例a　**10進数から2^nを順番に引いていく方法**（天秤ばかりの方法）

364以下で最大の2^nの値は表2.1より、$n=8$の$2^8=256$なので、256を引く。　$364-256=108$
108以下で最大の2^nの値は表2.1より、$n=6$の$2^6=64$なので、64を引く。　　　$108-64=44$
44以下で最大の2^nの値は表2.1より、$n=5$の$2^5=32$なので、32を引く。　　　$44-32=12$
12以下で最大の2^nの値は表2.1より、$n=3$の$2^3=8$なので、8を引く。　　　　$12-8=4$
4以下で最大の2^nの値は表2.1より、$n=2$の$2^2=4$なので、4を引く。　　　　　$4-4=0$

差が0になったので、終わります。以上をまとめると、次のようになります。

$$364 = 256 \quad\quad + 64 \quad + 32 \quad\quad\quad + 8 \quad + 4$$
$$= 1\times2^8 + 0\times2^7 + 1\times2^6 + 1\times2^5 + 0\times2^4 + 1\times2^3 + 1\times2^2 + 0\times2^1 + 0\times2^0$$
$$= (1\ 0110\ 1100)_2 \tag{2-4}$$

【解答例b】　10進数を2で割って、商と余りを求めて、余りを下から上に求める方法

$$364/2 = 182 \quad 余り\ 0$$
$$182/2 = 91 \quad 余り\ 0$$
$$91/2 = 45 \quad 余り\ 1$$
$$45/2 = 22 \quad 余り\ 1$$
$$22/2 = 11 \quad 余り\ 0$$
$$11/2 = 5 \quad 余り\ 1$$
$$5/2 = 2 \quad 余り\ 1$$
$$2/2 = 1 \quad 余り\ 0$$
$$1/2 = 0 \quad 余り\ 1$$

　商が0になったので終わります。**余りを下から上に求め、左から右に並べる**と2進数が求まります。

$$(364)_{10} = (1\ 0110\ 1100)_2$$

---

10 進数を 2 進数に変換する方法　　　　　　　　【重要】
1．10 進数を 2 で割って、商と余りを求めます。
2．上記の商が 0 になるまで、商を 2 で割って余りを求めます。
3．商が 0 になれば、求めた余りを下から上に求め、左から右に並べます。
4．上記の値が変換した 2 進数です。

2.3　ビットとバイト

　2進数1桁を**1ビット**(bit)と呼びます。bitという言葉はbinary digitから作られたといわれています。[例題2-1]のa)の$(1101)_2$は4ビット、b)の$(111\ 1100\ 0110)_2$は11ビットになります。

　ビットはコンピュータで扱う情報の最小単位です。なお、コンピュータの記憶容量の単位としてビットの他によく**バイト**(byte：B)が使われます。**1バイトは通常8ビット**です。

　補助単位としてK(キロ)、M(メガ)、G(ギガ)、T(テラ)、P(ペタ)が使われます。普通、1km = 1000mのように、kは$10^3 = 1000$(千)を意味しますが、記憶容量の単位として使われる時は$1KB = 2^{10}B = 1024B$を意味します。また、M(メガ)、G(ギガ)、T(テラ)、P(ペタ)は、普通は各々$M = 10^6$(100万)、$G = 10^9$(10億)、$T = 10^{12}$、$P = 10^{15}$を意味します。しかし、記憶容量の単位として使われる時は、$1MB = 2^{10}KB = 1024KB = 2^{20}B$、$1GB = 2^{10}MB = 1024MB = 2^{30}B$、$1TB = 2^{10}GB = 1024GB = 2^{40}B$、$1PB = 2^{10}TB = 1024TB = 2^{50}B$を意味します。

なお、通常1000は小文字のkを使いますが、1024は大文字のKを使う習慣になっています。

【重要】　8 bit = 1 byte（1B）　　（普通：M = 10^6、G = 10^9、T = 10^{12}、P = 10^{15}）

1KB = 2^{10}B = 1024B、　1MB = 2^{20}B ≒ 10^6B、　1GB = 2^{30}B ≒ 10^9B、　1TB = 2^{40}B ≒ 10^{12}B

補足　補助単位

K、M、G、Tの他に、次のm（ミリ）、μ（マイクロ）、n（ナノ）、p（ピコ）、f（フェムト）などの補助単位もよく使われます。

---

m（ミリ） = 10^{-3}、　　μ（マイクロ） = 10^{-6}、　　n（ナノ） = 10^{-9}、　　p（ピコ） = 10^{-12}、

f（フェムト） = 10^{-15}

周波数の例：1kHz = 10^3Hz = 1000Hz、1MHz = 10^6Hz = 1000kHz、1GHz = 10^9Hz = 1000MHz

時間の例　　：1ms = 10^{-3}s、1μs = 10^{-6}s、1ns = 10^{-9}s、1ps = 10^{-12}s、1fs = 10^{-15}s

2.4　2進数の加算

10進数1桁の加算は0 + 0, 0 + 1,…, 0 + 9, 1 + 0, 1 + 1, 1 + 2,…, 9 + 9の100通りあります。それに対して、2進数の加算は、図2.1に示す4通りしかありません。10進数では「1 + 1 = 2」ですが、2進数では繰り上がって、「1 + 1 = 10」となります。

```
    0        0        1        1
 +  0     +  1     +  0     +  1
─────    ─────    ─────    ─────
    0        1        1       10
```

図2.1　2進数の加算

コンピュータで足し算を行うには、足し算を行う電子回路が必要になります。10進数で足し算を行うには100通りの足し算を考慮して、**加算回路**を作成する必要があります。しかし、2進数で足し算をする場合、4通りしか考慮する必要がないので、10進数の場合より簡単に加算回路を作れます。これも、コンピュータ内部で2進数を使う理由の1つです。

Column

ラジオと TV の電波の周波数と補助単位（k、M、G）

　Hz（ヘルツ）は周波数の単位です。ラジオやTVは放送局が出した電波を家庭で受信して聞いたり見たりします。電波は波で、波の山が1秒間に1回くる波の周波数を1Hzといいます。ラジオのAM放送は1000kHz、すなわち、**1MHz（＝10^6Hz）**前後の周波数を使っています。たとえば新聞のラジオ欄を見ると、NHKの福岡第1放送局は 612kHz（0.612MHz）、第2放送局は1017kHz（1.017MHz）であることがわかります。同じラジオでも短波放送は30MHz前後です。FM放送の周波数はもっと高く、FM福岡は80.7MHzになっています。地上デジタルTVは470MHzから770MHzのUHF帯と呼ばれる電波が使われています。また、同じTVでも衛星放送はさらに周波数が高く、10GHz位になり、パラボラアンテナが必要になります。1000MHzを**1GHz（＝10^9Hz）**と呼びます。

　また、スマートフォンは800MHz帯、1.5GHz帯、2GHz帯などの電波を使っています。

本章の要点

1．2進数を10進数に変換するには2^nの重みの和を求めます。
2．10進数を2進数に変換するには商が0になるまで2で割って、余りを下から上に求めます。
3．1バイトは8ビットです。
4．1KB＝2^{10}B＝1024B、1MB＝2^{20}B≒10^6B、1GB＝2^{30}B≒10^9B、1TB＝2^{40}B≒10^{12}B
　　1kHz＝10^3Hz、1MHz＝10^6Hz、1GHz＝10^9Hz、1ms＝10^{-3}s、1μs＝10^{-6}s、1ns＝10^{-9}s

演習問題

基礎問題

1．次の文章の空欄に入れるべき適切な語句を解答群から選んで下さい。

　　2進数は右から順に2^0，2^1，2^2などの（　1　）を持っています。0の桁を無視し，1の桁に対応した重みの和を計算すれば，2進数を10進数に変換することができます。たとえば，2進数の1101を10進数に変換すると（　2　）になります。2進数1桁を1（　3　）と呼び，2進数8桁を1（　4　）と呼びます。ビットは（　5　）の最小単位です。

解答群　重み、体重、ビット、バイト、情報、文字、1、2、4、8、10、11、12、13、14、15

2．a) 1から7までの10進数を3桁の2進数で表現して下さい。
　　b) この結果と表1.2との関係を説明して下さい。

3．1から15までの10進数を4桁の2進数で表現して下さい。

4．次の2進数を10進数に変換して下さい。途中の計算式も書いて下さい。
　　a) $(11\ 0001)_2$　　b) $(110\ 1000)_2$　　c) $(1111\ 1000\ 1110)_2$　　d) $(1111\ 1000\ 0001)_2$

5．次の10進数を2進数に変換して下さい。途中の計算式も書いて下さい。
　　a) $(35)_{10}$　　b) $(53)_{10}$　　c) $(404)_{10}$　　d) $(1909)_{10}$
　　e) $(3870)_{10}$

標準問題

1．次の式の空欄を10^nまたは10^{-n}の形式で埋めて下さい。
　　a) 1kHz＝(　　　)Hz　　b) 1MHz＝(　　　)Hz　　c) 1GHz＝(　　　)Hz
　　d) 1THz＝(　　　)Hz　　e) 1ms＝(　　　)s　　f) 1μs＝(　　　)s
　　g) 1ns＝(　　　)s　　h) 1ps＝(　　　)s　　i) 1fs＝(　　　)s

2．次の式の空欄を2^nの形式で埋めて下さい。なお、B(バイト)は記憶容量の単位です。
　　a) 1KB＝(　　　)B　　b) 1MB＝(　　　)B　　c) 1GB＝(　　　)B
　　d) 1TB＝(　　　)B　　e) 1PB＝(　　　)B

3．次の補助単位の読み方をカタカナで書いて下さい。

　　a) m　　　　b)μ　　　　c) n　　　　d) p　　　　e) f　　　　f) M　　　　g) G

　　h) T　　　　i）P

応用問題

1．次の4桁の2進数の計算をして下さい。

a)	1001	b)	0101	c)	0010	d)	1011	e)	1101	f)	1010
+	0110	+	0101	+	0111	+	1110	−	0110	−	0101

2．次の8桁の2進数の計算をして下さい。

a)	0101 1011	b)	1101 1110	c)	1100 0000	d)	1101 1000
+	1001 0111	+	1100 1101	−	0100 0001	−	1001 1101

3．次の数値を（　　）内の単位（あるいは補助単位）を使って書いて下さい。
　　なお、0 の数が多くなるときは、$a×10^n$ あるいは $a×10^{-n}$ の形式で書いて下さい。

　　a) 光の速度：約 30 万キロ m/s ⇒ $3×10^5$km/s ＝　　　　(m/s)

　　b) スマートフォンで使っている電波の周波数：
　　　　約 20 億 Hz ⇒ $2×10^9$Hz ＝　　　　(GHz)

　　c) 人間の細胞の数：約 100 兆個 ⇒ 10^{14}個 ＝　　　　(T 個)

　　d) 日本のスーパーコンピュータ京（ケイ）の 1 秒間の演算回数：
　　　　約 1 京（ケイ）回 ⇒ 10^{16}回 ＝　　　　(P 回)

　　e) 細菌の大きさ：約千分の 1mm ⇒ 10^{-3}mm ＝　　　　(m) ＝　　　　(μm)

　　f) 人間の髪の毛の直径：約 0.07mm ⇒ $7×10^{-2}$mm ＝　　　　(m) ＝　　　　(μm)

　　g) 青色 LED の波長：
　　　　約 10 万分の 47mm ⇒ $4.7×10^{-4}$mm ＝　　　　(m) ＝　　　　(μm) ＝　　　　(nm)

　　h) 原子の大きさ：約百億分の 1m ⇒ 10^{-10}m ＝　　　　(nm)

第**3**章　2進数・8進数・16進数・10進数

　日常生活では10進数を使いますが、コンピュータ内部では2進数を使います。今まで
の章で2進数を説明しました。しかし、2進数は桁数が多くなり、見にくいのが欠点で
す。この問題を解決するため、2進数の代わりに**16進数**(hexadecimal number)や**8進数**
(octal number)がよく使われます。16進数や8進数は人間の理解を容易にするために使う
のであって、コンピュータ内部では2進数になっています。本章ではこれらの各進数に
ついて説明します。

　2進数・8進数・16進数・10進数相互の変換方法についても本章で説明します。進数の
異なる数の変換を**基数変換**と呼びます。10進数と16進数の変換ができる関数電卓もあり
ますが、変換の原理を理解し、いつでも任意の進数に変換できるようにしておいて下さ
い。

本章の重要語句

　　(1) 16進数　　　(2) hexadecimal　　　(3) 8進数　　　(4) octal　　　(5) 基数変換
　　(6) 基数

本章で理解すべき事項

　　(1) 16進数と8進数の表現方法　　　(2) 2進数を介した基数変換の方法

3.1　16進数と8進数

　コンピュータ内部では2進数を使いますが、2進数は桁数が多くなり、見にくいのが欠
点です。この問題を解決するため、2進数の代わりに**16進数**や**8進数**がよく使われます。
本節ではこれらの各進数について説明します。各進数の2, 8, 16, 10などを**基数**(base ま
たは radix)といいます。

10 進数：0〜9 の 10 種類の文字を使って数を表現。9 の次は繰り上がって 10（ジュウ）になる。

2 進数：0 と 1 の 2 種類の文字を使って数を表現。1 の次は繰り上がって 10（イチゼロ）になる。

8 進数：0〜7 の 8 種類の文字を使って数を表現。7 の次は繰り上がって 10（イチゼロ）になる。

16 進数：0〜9 と A〜F の 16 種類の文字を使って数を表現。F の次は繰り上がって 10（イチゼロ）になる。

　16進数は16種類の文字を使って表現します。数字の0〜9だけでは足りないので、アルファベットのA〜F（または小文字のa〜f）も使います。具体的な表現方法を表3.1に示します。**10進数の10〜15を表現するのに16進数ではA〜Fを使う**ことに注意して下さい。

復習　1章の［例題1-4］で3個の分銅を使って1g〜7gまでの重さを測定できることを調べました。下の表3.1を見ると、1から7までの10進数が2進数3桁で表現できることがわかります。また、1章の［標準問題］の問題1では2値状態を表現できる電球3個で8個の状態を表現できることを確認しました。これらに関係する2つの表（表1.2と表3.1）の関連性に、注目して下さい。

　8進数は右から左へ順に、8^0, 8^1, 8^2, 8^3, … の重みを、**16進数は右から左へ順に、16^0, 16^1, 16^2, 16^3, … の重み**を持っていることを理解すれば、8進数や16進数を10進数に変換できます。

表3.1　2進数・8進数・16進数と10進数との関係

10進数	16進数	8進数	2進数
0	0	0	0
1	1	1	1
2	2	2	10
3	3	3	11
4	4	4	100
5	5	5	101
6	6	6	110
7	7	7	111
8	8	10	1000
9	9	11	1001
10	A	12	1010
11	B	13	1011
12	C	14	1100
13	D	15	1101
14	E	16	1110
15	F	17	1111
16	10	20	10000

【例題3-1】　次の16進数を10進数に変換して下さい。

a) $(68)_{16}$　　　　b) $(7C6)_{16}$　　　　c) $(2DBA)_{16}$

解答例

a) $(68)_{16}$　　$= 6 \times 16^1 + 8 \times 16^0$

　　　　　　$= 96 \qquad + 8$

　　　　　　$= (104)_{10}$

b) $(7C6)_{16}$　$= 7 \times 16^2 + 12 \times 16^1 + 6 \times 16^0$

　　　　　　$= 1792 \qquad + 192 \qquad + 6$

　　　　　　$= (1990)_{10}$

c) $(2DBA)_{16} = 2 \times 16^3 + 13 \times 16^2 + 11 \times 16^1 + 10 \times 16^0$

　　　　　　$= ((2 \times 16 + 13) \times 16 + 11) \times 16 + 10$

　　　　　　$= (11706)_{10}$

【例題3-2】　次の8進数を10進数に変換して下さい。

a) $(150)_8$　　　　b) $(3706)_8$　　　　c) $(26672)_8$

解答例

a) $(150)_8$　　$= 1 \times 8^2 + 5 \times 8^1 + 0 \times 8^0$

　　　　　　$= 64 \qquad + 40 \qquad + 0$

　　　　　　$= (104)_{10}$

b) $(3706)_8$　$= 3 \times 8^3 + 7 \times 8^2 + 0 \times 8^1 + 6 \times 8^0$

　　　　　　$= 1536 \qquad + 448 \qquad + 0 \qquad + 6$

　　　　　　$= (1990)_{10}$

c) $(26672)_8$　$= 2 \times 8^4 + 6 \times 8^3 + 6 \times 8^2 + 7 \times 8^1 + 2 \times 8^0$

　　　　　　$= (((2 \times 8 + 6) \times 8 + 6) \times 8 + 7) \times 8 + 2$

　　　　　　$= (11706)_{10}$

3.2　10進数を16進数と8進数に変換する方法

　[例題2-2]で説明した10進数を2進数に変換する方法と同じようにして、10進数を16進数や8進数に変換できます。ここでは、[例題2-2]の[解答例b]の商と余りを求める方法で計算します。

【例題 3-3】　10 進数$(1990)_{10}$を 16 進数と 8 進数に変換して下さい。

解答例

　a) $1990/16\ =\ 124$　余り　6

　　　$124/16\ =\ \ \ \ 7$　余り 12　$\rightarrow\ (12)_{10} = (C)_{16}$

　　　　$7/16\ =\ \ \ \ 0$　余り　7

　商が0になったので終わります。10以上の余りはA〜Fに変換し、余りを下から上に求め、左から右に並べます。

　　　　$(1990)_{10} = (7C6)_{16}$

　b)　$1990/8\ =\ 248$　余り　6

　　　$248/8\ =\ \ \ 31$　余り　0

　　　　$31/8\ =\ \ \ \ 3$　余り　7

　　　　　$3/8\ =\ \ \ \ 0$　余り　3

　商が0になったので終わります。余りを下から上に求め、左から右に並べます。

　　　　$(1990)_{10} = (3706)_{8}$

3.3　2進数を介した基数変換の方法

　2進数・8進数・16進数・10進数と4つの進数がでてきました。進数の異なる数の変換を**基数変換**と呼び、基数変換をするには、図3.1に示すように**2進数を介して変換する**のが便利です。

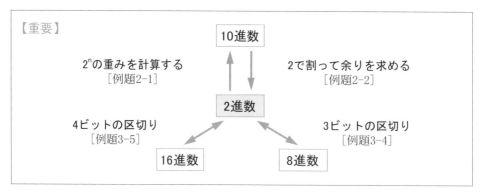

図3.1　2進数を介して基数変換を行う方法

> 8 進数は下位桁から 3 桁ずつ区切る
>
> 16 進数は下位桁から 4 桁ずつ区切る

【例題 3-4】　8 進数　a) $(3706)_8$ と、b) $(620)_8$ を 16 進数に変換して下さい。

解答例

a) 次のステップに分けて計算します。図3.2を参照して下さい。

1) 8進数$(3706)_8$の各桁の数を3ビットの2進数に変換します。

$(3)_8 = (011)_2$　　$(7)_8 = (111)_2$　　$(0)_8 = (000)_2$　　$(6)_8 = (110)_2$　　（注：3ビット区切りにする）
　　↑　　　　　　　　　　　　　　　　↑
　　0を追加して、必ず3ビットにする

2) 上記の2進数を並べ、8進数を2進数に変換します。

$(3706)_8 = (011\quad 111\quad \underline{000}\quad 110)_2$

3) 求めた2進数を下位桁から4ビットずつ区切ります。

$(3706)_8 = (0111\quad 1100\quad 0110)_2$

4) 上記2進数を4ビットずつ16進数に変換します。

$(0111)_2 = (7)_{16}$　　$(1100)_2 = (C)_{16}$　　$(0110)_2 = (6)_{16}$

5) 求めた16進数を並べます。

$(3706)_8 = (7C6)_{16}$

8進数		3			7			0			6	
2進数(3ビット区切り)	0	1	1	1	1	1	0	0	0	1	1	0

2進数(4ビット区切り)	0	1	1	1	1	1	0	0	0	1	1	0
16進数			7				C				6	

図3.2　8進数と16進数の相互変換の例

b) 8進数を3ビット区切りで2進数に変換し、その2進数を4ビット区切りで16進数に変換します。

$(620)_8\ = (110\quad \underline{010}\quad \underline{000})_2$　　　　（注：3ビット区切りにする）
　　　　　　　　　↑　　　↑
　　　　　　0を追加して、必ず3ビットにする
　　　　$= (\underline{0001}\quad 1001\quad 0000)_2$　（注：4ビット区切りにする）
　　　　$= (\quad 1\quad\quad\quad 9\quad\quad\quad 0\quad)_{16}$

【例題 3-5】　16 進数　a) $(7C6)_{16}$ と、b) $(190)_{16}$ を 8 進数に変換して下さい。

解答例

a) 16進数を4ビット区切りで2進数に変換し、その2進数を3ビット区切りで8進数に変換します。

$$(7C6)_{16} = (\underline{0}111 \quad 1100 \quad \underline{0}110)_2 \quad (\text{注：4ビット区切りにする})$$

$$\uparrow \qquad\qquad\qquad \uparrow$$

0を追加して、必ず4ビットにする

$$= (011 \quad 111 \quad 000 \quad 110)_2 \quad (\text{注：3ビット区切りにする})$$

$$= (\ 3 \qquad 7 \qquad 0 \qquad 6\ )_8$$

b) $(190)_{16}$ $= (\underline{0001} \quad 1001 \quad \underline{0000})_2 \quad (\text{注：4ビット区切りにする})$

$$\uparrow \qquad\qquad \uparrow$$

0を追加して、必ず4ビットにする

$$= (\underline{000} \quad 110 \quad 010 \quad 000)_2 \quad (\text{注：3ビット区切りにする})$$

$$\uparrow$$

先頭の0は省略してよい

$$\downarrow$$

$$= (\ \underline{0} \qquad 6 \qquad 2 \qquad 0\ )_8$$

Column

16 進数は4ビット、8進数は3ビット

　2進数を介した基数変換では16進数は4ビット、8進数は3ビットずつ区切ります。なぜそうするのかを、次の式を見て、考えて下さい。

$$(111\ 111\ 111)_2 = 2^8 + 2^7 + 2^6 \qquad + 2^5 + 2^4 + 2^3 \qquad + 2^2 + 2^1 + 2^0$$
$$= (2^2 + 2^1 + 2^0) \times 2^6 + (2^2 + 2^1 + 2^0) \times 2^3 + (2^2 + 2^1 + 2^0) \times 2^0$$
$$= (2^2 + 2^1 + 2^0) \times 8^2 + (2^2 + 2^1 + 2^0) \times 8^1 + (2^2 + 2^1 + 2^0) \times 8^0$$
$$= (7)_8 \times 8^2 \qquad + (7)_8 \times 8^1 \qquad + (7)_8 \times 8^0$$
$$= (777)_8$$

$$(1111\ 1111)_2 = 2^7 + 2^6 + 2^5 + 2^4 \qquad + 2^3 + 2^2 + 2^1 + 2^0$$
$$= (2^3 + 2^2 + 2^1 + 2^0) \times 2^4 + (2^3 + 2^2 + 2^1 + 2^0) \times 2^0$$
$$= (2^3 + 2^2 + 2^1 + 2^0) \times 16^1 + (2^3 + 2^2 + 2^1 + 2^0) \times 16^0$$
$$= (F)_{16} \times 16^1 \qquad + (F)_{16} \times 16^0$$
$$= (FF)_{16}$$

本章の要点

1．人間が理解しやすいように、2進数の代わりに8進数や16進数を使います。

2．10進数の10～15を16進数ではA～Fで表します。

3．8進数は3ビット、16進数は4ビットに区切って基数変換すると便利です。

演習問題

基礎問題

1．次の文章の空欄に入れるべき適切な語句を解答群から選んで下さい。

　　　10進数は0〜9の文字を使いますが、(　1　)は0〜9の文字の他に、A〜Fの文字
も使って表現します。16進数の各桁は(　2　)のn乗の重みを持っています。
　　　8進数を2進数に変換するには8進数1桁を2進数(　3　)桁に、16進数を2進数に
変換するには16進数1桁を2進数(　4　)桁に、変換すればよい。

　解答群　1、2、3、4、5、6、8、10、15、16、2進数、8進数、10進数、16進数

2．次の10進数を8進数と16進数に変換して下さい。途中の計算式も書いて下さい。
　　　　a) $(19)_{10}$　　　　b) $(99)_{10}$　　　　c) $(438)_{10}$　　　　d) $(600)_{10}$

3．次の8進数を**2進数を介して**、16進数に変換して下さい。途中の計算式も書いて下さい。
い。
　　　　a) $(23)_8$　　　　b) $(143)_8$　　　　c) $(666)_8$　　　　d) $(1130)_8$

4．次の16進数を**2進数を介して**、8進数に変換して下さい。途中の計算式も書いて下さい。
い。
　　　　a) $(AB)_{16}$　　　　b) $(143)_{16}$　　　　c) $(F3)_{16}$　　　　d) $(258)_{16}$

標準問題

1．次の16進数の計算を行い、答を16進数で書いて下さい。途中の計算式も書いて下さい。
い。
　　　a)　Ａ Ｂ　　　b)　A5FD　　　c)　Ｃ Ｄ　　　d)　A5FD
　　　　＋ Ｃ Ｄ　　　　＋ 87E3　　　　－ Ａ Ｂ　　　　－ 87E3

応用問題

1．次の用語と関係の深い英語を解答群から選んで下さい。
　　　a) 2進数　　b) 8進数　　c) 10進数　　d) 16進数　　e) 基数　　f) 重み
　　　g) バイト　　h) ビット

　解答群　hexadecimal、octal、decimal、binary、weight、radix、bit、byte

第**4**章 2進数・8進数・16進数の小数

　今まで、整数の10進数と2進数・8進数・16進数の関係を説明しました。この章では、整数ではなく、小数の表現方法を説明します。また、10進数の$(0.1)_{10}$を2進数に変換すると無限小数になり、コンピュータでは正確に表現できないことも説明します。

本章の重要語句

　（1）2進小数　　　（2）16進小数　　　（3）無限小数　　　（4）表現誤差

本章で理解すべき事項

　（1）8進小数・16進小数の基数変換　　　（2）10進小数の基数変換
　（3）2進数の無限小数と表現誤差

4.1　2進数の小数（2進小数）

まず、10進数の小数を説明します。

$$(0.987)_{10} = 9 \times 10^{-1} + 8 \times 10^{-2} + 7 \times 10^{-3}$$

　10進数は小数点の位置から右へ順に、$10^{-1}, 10^{-2}, 10^{-3}, \cdots$ の重みを持っています。同じように、**2進小数は小数点の位置から右へ順に、$2^{-1} = 1/2,\ 2^{-2} = 1/4,\ 2^{-3} = 1/8,\ 2^{-4} = 1/16, \cdots$ の重み**を持っています。

【例題 4-1】　2進数$(0.1011)_2$を 10 進数に変換して下さい。

解答例

$$
\begin{aligned}
(0.1011)_2 &= 1 \times 2^{-1} &+\ 0 \times 2^{-2} &+\ 1 \times 2^{-3} &+\ 1 \times 2^{-4} \\
&= 1/2 &+\ 0/4 &+\ 1/8 &+\ 1/16 \\
&= 0.5 &+\ 0 &+\ 0.125 &+\ 0.0625 \\
&= (0.6875)_{10}
\end{aligned}
$$

4.2　16進数の小数（16進小数）

　16進小数は小数点の位置から右へ順に、$16^{-1} = 1/16$，$16^{-2} = 1/(16 \times 16)$，$16^{-3} = 1/(16 \times 16 \times 16)$，… の重みを持っています。

【例題 4-2】　16 進数 $(3A.C2)_{16}$ を 10 進数に変換して下さい。

解答例

$$
\begin{aligned}
(3A.C2)_{16} &= 3 \times 16^1 &&+ 10 \times 16^0 &&+ 12 \times 16^{-1} &&+ 2 \times 16^{-2} \\
&= 48 &&+ 10 &&+ 12/16 &&+ 2/256 \\
&= (58.7578125)_{10}
\end{aligned}
$$

　[例題4-2]のように整数部と小数部の両方がある場合は、整数部を第3章で説明した方法で求め、小数部を本章で説明した方法で求め、両者の和を求めればよいことになります。

4.3　8進小数・16進小数の基数変換

　小数の2進数・8進数・16進数相互の変換は、図3.1に示す整数の場合と同じように、2進数を介して行うと簡単にできます。

---

8 進数：**小数点を中心に 3 桁ずつ区切る**

16 進数：**小数点を中心に 4 桁ずつ区切る**

【例題 4-3】　16 進数 $(63.C)_{16}$ を 8 進数に、8 進数 $(352.243)_8$ を 16 進数に変換して下さい。　　　　　　　　　　　　　　　　　　　　　　　　　　　　　　　　【重要】

解答例

a) 次のステップに分けて計算します。図4.1を参照して下さい。

1) 16進数 $(63.C)_{16}$ の各桁の数を、4ビットの2進数に変換します。

$$(6)_{16} \rightarrow (\underline{0}110)_2 \qquad (3)_{16} \rightarrow (\underline{00}11)_2 \qquad (C)_{16} \rightarrow (12)_{10} \rightarrow (1100)_2$$

　　　　　　　　↑　　　　　　　　　↑

　　　　4ビットになるように**先頭に0を追加**します

2) 上記の2進数を並べ、16進数を2進数に変換します。

$(63.C)_{16} \rightarrow (0110\ 0011\ .\ 1100)_2$

↑

16進数の小数点に対応する位置に、小数点を打ちます。

3) 求めた2進数を**小数点を中心**にして、3ビットずつ区切ります。

$(63.C)_{16} \rightarrow (01\ 100\ 011\ .\ 110\ 0)_2$

4) 上記2進数を3ビットずつ8進数に変換します。

$(01)_2 \rightarrow (1)_8 \qquad (100)_2 \rightarrow (4)_8 \qquad (011)_2 \rightarrow (3)_8 \qquad (110)_2 \rightarrow (6)_8$

5) 求めた8進数を並べます。

$(63.C)_{16} = (143.6)_8$

16進数		6		3	.		C	
2進数(4ビット区切り)	0 1 1 0	0 0 1 1	.	1 1 0 0				

2進数(3ビット区切り)	0 0 1	1 0 0	0 1 1	.	1 1 0	0		
8進数	1	4	3	.	6			

↑ 小数点

図4.1　16進数と8進数の相互変換の例

b) 8進数を3ビット区切りで2進数に変換し、その2進数を4ビット区切りで16進数に変換します。

$(352.243)_8 = (\ 011\quad 101\quad 010 . 010\quad 100\quad 011)_2$　　（注：**小数点を中心に3ビット区切り**）

$= (\underline{0}\quad 1110\quad 1010 . 0101\quad 0001\quad \underline{1000})_2$　　（注：**小数点を中心に4ビット区切り**）

↑　　　　↑　　　　↑

先頭の0は省略　　小数点　　**0を追加**して、4ビット区切りにする

$= (\quad E\quad A . 5\quad 1\quad 8\ )_{16}$

4.4　10進小数の基数変換

10進小数を2進数に変換するには小数部を2倍して、整数部を求めます。

10 進小数の 2 進数への変換方法

小数部を 2 倍して整数部を求め、整数部を上から下へ順に並べる

【例題 4-4】　10 進数$(0.3125)_{10}$を 2 進数に変換して下さい。　　　　　【重要】

解答例　　　　$0.3125 \times 2 = 0.625$
　　　　　　　$0.625 \ \times 2 = 1.25$
　　　　　　　$0.25 \ \ \times 2 = 0.5$
　　　　　　　$0.5 \ \ \ \times 2 = 1.0$

小数部が0になったので、終わります。**整数部**を上から下へ順に並べます。

　　　　　　$(0.3125)_{10} = (0.0101)_2$

解答の確認　　$(0.0101)_2 = 0 \times 2^{-1} \ \ + 1 \times 2^{-2} \ + 0 \times 2^{-3} \ + 1 \times 2^{-4}$
　　　　　　　　　　　$= 0 \ \ \ \ \ \ \ \ \ + 1/4 \ \ \ + 0 \ \ \ \ \ \ \ + 1/16$
　　　　　　　　　　　$= (0.3125)_{10}$

4.5　2進数の無限小数

　10進数の分数と小数について考えてみます。1/2の場合、「1/2 = 0.5」と割り切れます。しかし、1/3の場合は「1/3 = 0.3333333…」と無限小数になります。また、2の平方根$\sqrt{2}$や円周率πも無限小数になります。2進小数も**無限小数**になる場合があります。次の[例題4-5]を参照して下さい。

【例題 4-5】　10 進数$(0.1)_{10}$を 2 進数と 16 進数に変換して下さい。

解答例　　　　$0.1 \times 2 = 0.2$
　　　　　　　$0.2 \times 2 = 0.4$　　　　← (1)ここから繰り返しが始まる
　　　　　　　$0.4 \times 2 = 0.8$
　　　　　　　$0.8 \times 2 = 1.6$
　　　　　　　$0.6 \times 2 = 1.2$　　　　← (2)ここまでが繰り返される
　　　　　　　$0.2 \times 2 = 0.4$
　　　　　　　　　　　$\vdots$

　この計算はいつまで経っても、小数部が0になりません。小数部の「2,4,8,6」が無限に繰り返されます。すなわち、「0011」が繰り返される無限小数になります。

　　　$(0.1)_{10} = (0.\underline{0001} \ \ \underline{1001} \ \ \ 1001 \ \ \ 1001 \ \ \cdots)_2 = (0.1999\cdots)_{16}$
　　　　　　　　　$\uparrow$　　$\uparrow$
　　　　　　　この部分が繰り返される

なお、$(0.1)_{10}$ を8進数に変換すると次のようになります。

$$(0.1)_{10} = (0.\underline{0001} \quad 1001 \quad 1001 \quad 1001 \quad 1001 \quad 1001\cdots)_2$$
$$= (0.000 \quad \underline{110 \quad 011 \quad 001 \quad 100} \quad 110 \quad 011 \quad 001\cdots)_2 = (0.0 \underline{6314} \quad 631\cdots)_8$$

　　　　　　　↑　　　　　　　　　　↑　　　　　　　　　　　　　　↑ ↑
　　　　この部分が繰り返される　　　　　　　　　　この部分が繰り返される

Column

コンピュータの数値計算と表現誤差

　コンピュータ内部では有限の桁数で数を記憶しているため、無理数（円周率 π や $\sqrt{2}$ など無限に続く小数（無限小数））は、有限の桁数で打ち切って（切り捨て、あるいは四捨五入して）記憶します。このため、無理数を正確には表現できません。このような**誤差**を表現誤差（または数値計算誤差）と呼びます。具体的には、丸め誤差や桁落ち誤差などがあります。

　この誤差が積み重なると、計算結果に影響を与える場合があります。そのため、コンピュータの計算結果を過信せず、注意して扱う必要があります。なお、表現誤差は8.6節で説明します。

本章の要点

1．基数変換を行うには小数点を中心に、8進数は3桁ずつ、16進数は4桁ずつ区切ります。

2．10進小数を2進数に変換するには小数部を2倍して、整数部を上から下へ順に並べます。

3．コンピュータでは小数も有限桁で表現するので、有限桁の 10 進数でも 2 進数に変換した場合、無限小数になると表現誤差が生じます。

演習問題

基礎問題

1．次の文章の空欄に入れるべき適切な語句を解答群から選んで下さい。

　　10進小数を2進数に変換するには、整数部と小数部を別々に2進数に変換します。

　　整数部は10進数を2で割った余りを求め、その（　1　）をまた2で割ります。この計算を商が0になるまで繰り返します。（　2　）を逆順に並べると2進数の整数部が求まります。

　　小数部は10進数を（　3　）倍して整数部を求める計算を、小数部が（　4　）になるまで繰り返します。求めた整数部を順に並べると2進数の小数部が求まります。

　　小数部を求める時、小数部が0にならず、上記の計算が終了しない場合があります。これは、10進数を2進数に変換すると、2進数の（　5　）小数になることを意味します。

　　解答群　　積、商、余り、無限、有限、実数、0、1、2、5、10

標準問題

1．次の10進数を2進数、8進数、16進数に変換して下さい。途中の計算式も書いて下さい。

　　　　a) $(23.5)_{10}$　　　　　b) $(19.625)_{10}$　　　　c) $(36.125)_{10}$　　　　d) $(3.5625)_{10}$

　　　　e) $(223.75)_{10}$　　　　f) $(219.6875)_{10}$　　　g) $(136.375)_{10}$　　　h) $(1103.46875)_{10}$

2．次の2進数を8進数、10進数、16進数に変換して下さい。途中の計算式も書いて下さい。

　　　　a) $(1011.1100\ 1)_2$　　b) $(1001.11)_2$　　　　c) $(1100.101)_2$　　　d) $(11.1110\ 1)_2$

　　　　e) $(1111\ 0011.01)_2$　　f) $(1001\ 1011.001)_2$　g) $(11\ 0110.0001)_2$　h) $(10.1111\ 01)_2$

3．次の16進数を2進数、8進数、10進数に変換して下さい。途中の計算式も書いて下さい。

　　　　a) $(AB.CD)_{16}$　　　　b) $(EF.0B)_{16}$　　　　c) $(37.25)_{16}$　　　　d) $(62.3E)_{16}$

　　　　e) $(ABC.D)_{16}$　　　　f) $(EF0.B)_{16}$　　　　g) $(372.5)_{16}$　　　　h) $(623.E)_{16}$

ヒント

　　2進数を16進数に変換するときは、**小数点を中心に4桁区切り**にする。

　　小数部が4桁にならないときは、**小数部の最後に0を追加**して4桁にする。

　　8進数に変換するときも同様に、**小数部の最後に0を追加**して3桁にする。

応用問題

1．次の10進数を2進数、8進数、16進数に変換して下さい。途中の計算式も書いて下さい。

    a) $(0.2)_{10}$ b) $(0.3)_{10}$ c) $(0.4)_{10}$ d) $(0.6)_{10}$

    e) $(0.7)_{10}$ f) $(0.8)_{10}$ g) $(0.9)_{10}$ h) $(0.15)_{10}$

2．次の10進数を2進数に変換した時、無限小数にならないものを選んで下さい。

    a) 0.1   b) 0.2   c) 0.3   d) 0.4   e) 0.5

    f) 0.6   g) 0.7   h) 0.8   i) 0.9

3．コンピュータ内部ではすべての情報を2進数で表現しています。しかし、本書では16進数の学習をしました。16進数の学習が必要な理由を書いて下さい。

    ヒント 人間にとって、2進数でなく16進数で書いたほうが良い理由を考えて下さい。

第5章 文字コード

　今まで、コンピュータ内部での数値の表現方法を説明しました。この章では、数値ではなく、文字の表現方法を説明します。

　コンピュータ内部では、数値も文字も画像も音声も、すべて2進数で表現されています。この章では、アルファベット・数字(数値ではなく、文字としての数字)・ひらがな・漢字などの文字を扱います。これらの文字も、コンピュータ内部では0と1の組合わせで表現されています。これを**文字コード**といいます。この章ではいろいろな文字コードについて説明します。

　インターネットを使って、遠く離れたコンピュータ相互で情報のやり取りをすることが多くなりました。情報が運ばれる伝送路で雑音が入り、0が1に、あるいは1が0になることがあります。このようにビットの0と1が反転すると、間違った情報を受け取ることになります。受け取った情報が正しいかどうかを調べる必要があり、この検査を**誤り検査**と呼びます。この章では誤り検査方法の1つである、**パリティ検査**についても説明します。

本章の重要語句

(1) 文字コード	(2) 2バイトコード	(3) 半角文字	(4) 全角文字
(5) BCDコード	(6) ASCIIコード	(7) JISコード	(8) SJISコード
(9) EUCコード	(10) Unicode	(11) ISO-2022-JP	(12) 誤り検査
(13) パリティ検査	(14) 奇偶検査	(15) パリティビット	(16) 文字化け

本章で理解すべき事項

(1) 文字コードの意味	(2) 1バイト文字と2バイト文字
(3) 「数字」と「数値」の違い	(4) パリティ検査の必要性と検査方法
(5) 誤りの発見と訂正	

5.1　文字コードとは

　コンピュータ内部では文字も0と1の組合わせで表現します。どの文字を0と1のどのような組合せで表現するかを決める必要があります。この組合わせを**文字コード**(code：符号)と呼んでいます。どのように文字コードを決めてもよいのですが、共通のコード(ルール)を使わないとコンピュータ間で情報のやり取りがうまくできません。本章でいくつかの代表的な文字コードを説明します。

5.2　1バイトコードと2バイトコード

　文字コードには大きく分けて、**1バイトコード**と**2バイトコード**があります。ワープロなどでは、1バイトコードの文字を**半角文字**、2バイトコードの文字を**全角文字**と呼んでいます。

　文章を書く時、何種類くらいの文字を使っているかを考えてみます。**英字**(アルファベット)は大文字と小文字の区別をしても $26 + 26 = 52$ 個、**数字**は10個、その他の**特殊文字**(=、-、@、#、%、&など)はおよそ20個です。英文を書くならこれらの文字が使えれば十分なので、必要とする文字の種類は100種類以下です。$2^7 = 128$ なので、7ビットあれば、128種類の文字を表現できるので、**英数字**と特殊文字の全部を表現できます。そこで、7ビットあるいは8ビット(1バイト)で1文字を表す文字コードが考えられました。8ビットで1文字を表現する文字コードを**1バイトコード**と呼びます。英語やフランス語などを使う国では、1バイトコードが多く使われています。

　しかし、日本語はひらがなやカタカナの他に、漢字を使います。新聞など日常生活で使う常用漢字は2136字あるそうです。漢和辞典には5000字以上の漢字があるでしょう。$2^8 = 256$ なので、8ビットでは256種類の文字しか表現できないので、すべての漢字を表現できません。漢字を表現するには普通16ビット(2バイト)で1文字を表現するコードが使われます。$2^{16} = 65536$ なので、16ビット使うと6万5千種類の文字を表現できます。16ビットで1文字を表現する文字コードを**2バイトコード**と呼びます。日本や中国のように漢字を使う国では2バイトコードが使われています。

5.3　具体的な文字コード

（1）BCDコード (Binary-Coded Decimal)：2進化10進コード

　　10進数1桁を2進数4桁(4ビット)で表現したコードです。このコードを表5.1に示します。BCDコードは10進数を効率的に表現できますが、データの効率がバイナリに比べて悪く、数値計算や特定のアプリケーションで使用されることがあるものの、一般的なデータ表現としてはあまり使われていません。

表5.1　BCDコード

10進数	BCDコード	10進数	BCDコード
0	0000	5	0101
1	0001	6	0110
2	0010	7	0111
3	0011	8	1000
4	0100	9	1001

（２）EBCDICコード (Extended Binary Coded Decimal Interchange Code)：拡張2進化10進コード

　BCDコードを拡張して、英数字や特殊記号も扱えるようにした1バイトコードです。アメリカのコンピュータ会社の**IBM**が決めたコードで、主として**大型計算機（汎用計算機）**で使われています。コード体系は次に説明する、ASCIIコードとは大きく異なります。EBCDICは、IBMメインフレームなどで利用されることがありますが、あまり一般的ではありません。新しいシステムや国際的な標準では、次に説明するASCIIコードや後述するUnicodeが使用されています。

（３）ASCIIコード (American Standard Code for Information Interchange)：**アスキーコード**

　ANSI (American National Standards Institute、アメリカ規格協会：アメリカの規格を決める公的な団体)が決めたコードで、正式には「情報交換用アメリカ標準コード」といいます。表5.2に示すように、7ビットで1文字を表現するコードです。

表5.2　ASCIIコード

	0	1	2	3	4	5	6	7
0	NUL	DEL	SP	0	@	P	`	p
1	SOH	DC1	!	1	A	Q	a	q
2	SXT	DC2	"	2	B	R	b	r
3	ETX	DC3	#	3	C	S	c	s
4	EOT	DC4	$	4	D	T	d	t
5	ENQ	NAK	%	5	E	U	e	u
6	ACK	SYN	&	6	F	V	f	v
7	BEL	ETB	'	7	G	W	g	w
8	BS	CAN	(	8	H	X	h	x
9	HT	EM	)	9	I	Y	i	y
A	LF	SUB	*	:	J	Z	j	z
B	VT	ESC	+	;	K	[	k	{
C	FF	FS	,	<	L	\	l	|
D	CR	GS	−	=	M	]	m	}
E	SO	RS	.	>	N	^	n	~
F	SI	US	/	?	O	_	o	DEL

　　表5.2の見方を説明します。一番上の0〜7と一番左の0〜Fは16進数です。たとえば、4列1行目には「A」という文字があります。これは A＝$(41)_{16}$＝$(0100\ 0001)_2$となり、文字「A」は$(100\ 0001)_2$の7ビットで表現されることを意味します。キーボードの「A」を押すと、「100 0001」という信号がコンピュータ内部に伝わることになります。なお、$(20)_{16}$の「SP」はspace（空白）を意味し、スペースキーを押した時には、$(20)_{16}$の信号が送られることを表します。

　　表5.2の第0列と第1列には**制御文字**が入っています。制御文字とは「改行」などのように目に見えない文字で、これらの多くは、コンピュータ間の通信に必要な情報です。これらの意味については、インターネットや別の本で調べて下さい。

　　ASCIIコードには次の特徴があります。

　　　　イ）$(00)_{16}$〜$(1F)_{16}$までは制御文字です。
　　　　ロ）$(30)_{16}$〜$(39)_{16}$までは数字で、連続しています。
　　　　ハ）$(41)_{16}$〜$(5A)_{16}$までは英大文字、$(61)_{16}$〜$(7A)_{16}$までは英小文字で、連続しています。

　　16進数の0〜7を4ビットの2進数で表現すると先頭のビットは必ず0になります。この0を省略して7ビットで表現したのがASCIIコードです。しかし、普通、この先頭に**パリティビット**（parity bit）を追加して、8ビットで扱います。パリティビットについては5.5節で説明します。

【例題 5-1】　「k」と「5」は ASCII コードで、どのように表現されるかを 2 進数で書いて下さい。

解答例　　　k＝$(6B)_{16}$＝$(110\ 1011)_2$　　　　5＝$(35)_{16}$＝$(011\ 0101)_2$

　　上の例題でも明らかなように、文字の「5」は$(011\ 0101)_2$となり、これを10進数に直すと「53」となります。このように、**「数字」と「数値」は異なる**ことに注意して下さい。

（4）JISコード（Japanese Industrial Standards）：ジスコード
　　JIS（**日本産業規格**（2019年7月1日より日本工業規格から改称））で決められたコードで、ASCIIコード（半角英字（アルファベット）、数字、記号）に半角カタカナといくつかの記号を追加した1バイトコードと、全角カタカナ、ひらがな、漢字、全角記号なども扱える2バイトコードがあります。それぞれ、JIS X 0201、JIS X 0208で規格化されています。JIS X 0201の半角英数字は、ASCIIコードと同じです。JISコードは、文字の集合を定めた標準であり、エンコーディング方式そのものではありません。しかし、JIS

コードに基づくエンコーディング方式（たとえば、Shift JISやISO-2022-JPなど）も存在します。

（5）Shift JISコード（SJISコード）：**シフトJISコード**

　　Shift JISは、JIS X 0201の1バイト文字とJIS X 0208の2バイト文字を組み合わせ、文字コードの値によって1バイト文字と2バイト文字を切り替える（シフトする＝文字の種類を切り替える）エンコーディング方式です。たとえば、「亜」はJIS X 0208では$(3021)_{16}$、Shift JISでは$(889F)_{16}$です。半角英数字はJIS X 0201の英字（アルファベット）部分（ASCII互換）を使用し、1バイトで表現しています。ひらがな、全角カタカナ、漢字などは2バイトで表現しています。半角カタカナは1バイトで表現しています。文字によって使うバイト数が異なるため、可変長エンコーディングです。主として、日本のパソコンで使われていましたが、国際的な環境での利用や他の文字セットとの互換性に制約があるため、現在では後述するUnicodeが主流の文字コードになっています。

（6）EUCコード（Extended UNIX Code）：拡張UNIXコード

　　UNIX搭載ワークステーション向けに標準化された文字コードで、特に日本語用のEUC-JPは日本国内で過去に広く使用されていました。半角英数字はASCIIコードと互換で、1バイトで表現されています。また、ひらがな、漢字、全角カタカナ、一部の記号などは2バイト、JIS X 0212の拡張漢字（補助漢字）は3バイトで表現されます。このように、文字によって使うバイト数が異なるため、可変長エンコーディングです。EUC-JPは、日本語EUCとも呼ばれ、日本語文字セットをサポートするために使用されてきました。最近では、EUC-JPに代わり、次に説明するUnicodeが主流の文字コードとして広く使われています。

（7）Unicode：ユニコード

　　国と地域によって使用される言語はさまざまで、それぞれの言語に対応した文字コードも異なっていました。インターネットの発達に伴って、文字化けすることなく外国語のホームページを閲覧できたり、電子メールを送受信できたりするようなコード体系が必要になってきました。このような背景のもと、ISO（国際標準化機構）とUnicodeコンソーシアムによって定められた文字コードがUnicodeで、世界中で使われる多くの文字と記号を共通の文字セットで利用できるようにするという考えで作られています。UnicodeにはASCII文字はもちろん、世界中の言語の文字、古代文字、歴史的な文字、数学記号、絵文字なども含まれています。とても多くの文字が含まれているため、大規模な文字セットになりますが、単一の文字セットであるということから、「1つの」を意味するラテン語のuniという接頭辞が使われています。

　Unicodeの文字符号化形式にはUTF-8（Unicode Transformation Format-8）、UTF-16（―16）、UTF-32（―32）があります。UTF-8の8は、符号単位が8ビット（1バイト）であることを意味しています。同様に16と32は、符号単位がそれぞれ16ビット（2バイト）、32ビット（4バイト）であるということです。Windows 10 バージョン1903以降、macOS、Linux、Android、iOSでは、デフォルトの文字エンコーディングとしてUTF-8が用いられています。ウェブページの文字コードもUTF-8が標準になっています。また、Python（汎用のプログラミング言語で、ウェブ開発、ネットワークプログラミング、データサイエンス、機械学習、システム開発など、さまざまな分野で利用されています）、Kotlin（Androidアプリの開発や企業のバックエンド開発に用いられており、Javaとの互換性が高いプログラミング言語です）、Swift（Appleによって開発されたプログラミング言語で、iOS、macOS、watchOSなど、Appleの各プラットフォームにおけるアプリケーション開発に使用されています）などのプログラミング言語で扱う文字コードもUTF-8やUTF-16が標準になっています。

　UTF-8は、1文字を表すために1〜4バイトを使う可変長エンコーディングです。ASCII文字は1バイトで表現され、それ以外の文字は2バイト以上で表現されています。たとえば、UTF-8において、半角アルファベット「A」は$(41)_{16}$の1バイト、ギリシャ文字「α」は$(CE\ B1)_{16}$の2バイト、全角文字「あ」は$(E3\ 81\ 82)_{16}$の3バイト、絵文字「☺」は$(F0\ 9F\ 98\ 80)_{16}$の4バイトのようにエンコーディングされています。

（8）ISO-2022-JP

　日本語を対象にした文字エンコーディングで、ISO-2022規格（国際標準化機構による規格）に基づいて定められています。日本語の電子メールやテキスト通信の分野で特に使用されてきましたが、最近ではUTF-8が主流です。ASCII、JIS X 0201、JIS X 0208など、複数の文字セットをエスケープシーケンスという方法で切り替えています。また、ASCII文字は1バイト、漢字や全角カタカナなどの全角文字は2バイトで表現するため、このエンコーディングは可変長エンコーディングです。なお、電子メールの標準仕様としてのISO-2022-JPでは、文字化けのリスクを避けるため、半角カタカナは使用しません。

5.4 情報の送信と誤り検査

キーボードを押すとそれに対応した文字コードがコンピュータ本体に送られます。表5.2に文字コードを16進数で示しましたが、実際には0と1の値が送られるのではなく、0と1に対応した電気信号が送られます。たとえば、0と1に対応して0Vと1Vのパルス信号が送られるとすると、「A」のキーを押すと、「A」の文字コード（100 0001）に対応した、図5.1のa)に描いたような信号が送られます。

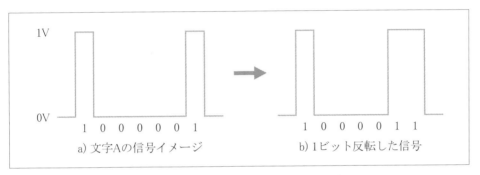

1V

0V

1 0 0 0 0 0 1

a) 文字Aの信号イメージ

1 0 0 0 0 1 1

b) 1ビット反転した信号

図5.1 文字コード「A」に対応する電気信号（パルス波形）

パソコン通信やインターネットでは電話回線などを通して情報のやり取りをしていますが、この場合も図5.1に示すような電気信号が電話回線などに流れます。このような**伝送路**(電話回線など)には**雑音**(**ノイズ**：noise)が入り、0と1が反転する場合があります。たとえば、図5.1のa)の信号が雑音によりb)のように変化したとすれば、「A」という情報が「C」という情報に変わります。そこで、情報を受け取った側で、情報に誤りがないかどうかを検査する必要があります。受け取った情報が正しいかどうかを検査するには、表5.2のような文字情報の他に、検査のための情報が余分に必要になり、これを**検査ビット**と呼んでいます。

一般に、文字を表すビットと検査ビットを組合わせて情報を送信します。どのような検査ビットを何ビット追加するかは、受け取った情報の誤りを検査する方法とも関係します。**パリティ検査**、**巡回冗長**(**CRC**：Cyclic Redundancy Code)**検査**、**ハミング符号検査**などの**誤り検査**の方法(アルゴリズム)があります。次節で、基本的な誤り検査方法であるパリティ検査(奇偶検査)を説明します。

5.5 パリティビットとパリティ検査

　パリティ検査(parity check)とは**奇偶検査**とも呼ばれ、受け取った情報に誤りがあるかどうかを検査する方法の1つです。奇偶とは、奇数と偶数という意味です。パリティ検査では奇数方式と偶数方式があります。どちらにするかは自由ですが、通信を行う前に決めておきます。

　パリティ検査では、1ビットの**パリティビット**(0または1)を文字ビットの先頭に追加します。文字ビットと検査ビット(パリティビット)を含めた全体の1の数が、偶数方式の時は「偶数個」になるように、奇数方式の時は「奇数個」になるように、パリティビットを決めます。

【例題5-2】　ASCIIコードを使っている場合、文字「A」と「C」のパリティビットを含めた文字コードを、偶数方式・奇数方式の両方求めて下さい。

解答例

a) 偶数方式の場合、「1」の個数が偶数個になるように、パリティビットを決めます。

　「A」のASCIIコードは「100 0001」であり、「1」の個数が2と偶数個なので、パリティビットは「0」にします。「C」のASCIIコードは「100 0011」であり、「1」の個数が3と奇数個なので、パリティビットは「1」にします。パリティビットを先頭に追加すると、表5.3のようになります。

表5.3　偶数方式の場合のパリティビットの付け方

元の文字	ASCIIコード	パリティビットを追加したコード
A	100 0001	0100 0001
C	100 0011	1100 0011
		↑
		先頭のビットがパリティビット

b) 奇数方式の場合、「1」の個数が奇数個になるようにパリティビットを求めると、次のようになります。

　　A　→　(1100　0001)　　　　　　　　　C　→　(0100　0011)

【例題5-3】　偶数方式のパリティ検査をしている場合、次のコードは正しいかを調べなさい。
　　　　　　a)「0100 0001」　　　　b)「1100 0001」

---

  a)「0100 0001」に1は2個あり、偶数個なので、正しい。

  b)「1100 0001」に1は3個あり、奇数個なので、間違っている。

考察

　この例題の元の文字は「A」です。このコードが2個所間違って「1100 0011」となっていれば、やはり1の数は偶数個で正しいと判断してしまいます。すなわち、「A」が「C」に変化してもその間違いを発見できません。言い換えれば、**パリティ検査は、1個（一般には奇数個）のビットが反転した場合は誤りを発見できますが、2個（一般には偶数個）のビットが反転した場合は、誤りを発見できません**。これは、パリティ検査の限界です。2個のビットが反転した場合にも誤りを見つけるには、別の工夫が必要です。[応用問題]の問題1を参照して下さい。以上のことから[解答例] a)を厳密に書くと次のようになります。

　1の個数が偶数個なので正しい可能性が高い。しかし、偶数個のビットが反転した誤りが生じているかもしれないが、それはわからない。

　情報の誤りを発見した場合の対処方法として、次の2つの方法が考えられます。

  a）もう一度、情報を送り直してもらう。

  b）情報の受け取り側で、誤った情報を修正する。

　a)の方法は、再度送るので、送信に時間がかかります。b)の方法は、修正する方法を考えなければなりません。今説明したパリティ検査の方法では、**情報の誤りを見つけることはできますが、訂正することはできません**。誤りの訂正をするためには、別の工夫が必要になります。これに関しても、[応用問題]の問題1を参照して下さい。

Column

インターネットと文字化け

　インターネットでいろいろなホームページを見たり、プリンターに印刷したりするとき、変な文字が現れまったく読めないことがあります。このような現象を**文字化け**と呼んでいます。この原因は文字コードを正しく認識していないためです。文字化けが生じた時は、文字コードを正しく変換すれば読めるようになります。ほとんどのインターネットの閲覧ソフト（**ブラウザ**：browser）には、文字コードを変換する機能が付いているので文字コードを正しく変換すれば読めるようになります。

Column

誤り検査

　本章ではパリティ検査を使った 2 進数の誤り検査について説明しましたが、その他にも誤り検査の方法がたくさんあります。10 進数の誤り検査に**チェックデジット**(check digit：検査数字)[1] と呼ばれている方法があります。たとえば、バーコードは普通 13 桁の 10 進数で表されていますが、そのうちの 1 桁は検査用の数字で、ここにチェックデジットが使われています。その他に、本の書籍番号である ISBN、健康保険の保険証の番号、銀行の口座番号などにもチェックデジットが使われています。

参考文献

　　[1] バーコードを印刷する企業が書いたチェックデジットの解説記事
　　　　　http://www.n-barcode.com/cd/aboutcd.html

本章の要点

1．コンピュータ内部では文字は1と0を組合わせた文字コードで表現されています。
2．英数字だけなら1バイトで表現できますが、漢字を表現するには2バイト必要です。
3．英数字の代表的な文字コードにASCIIコードがあります。
4．漢字の文字コードにはJISコード、Shift JISコード、ISO-2022-JPなどがあります。
5．Unicodeは、世界で使われる多くの文字と記号を共通の文字セットで利用できるようにしようという考えで作られたコードです。文字符号化形式にはUTF-8、UTF-16などがあり、可変長エンコーディングです。
6．文字コードが異なると文字化けが生じ、文字が読めなくなることがあります。
7．文字コードの誤り検査方法の１つにパリティ検査があります。

演習問題

１．次の文章の空欄に入れるべき適切な語句を解答群から選んで下さい。

　　　コンピュータ内部では文字は0と1の組合わせで表現されています。この0と1の組合わせを(　　1　　)コードと呼びます。(　　1　　)コードは何種類もあります。(　　2　　)コードはアメリカ規格協会(ANSI)が決めたコードで、7ビットで1文字を表現するコードです。7ビットでは最大(　　3　　)種類の文字しか表現できません。

　　　16ビットを使って漢字を含めた文字を表現する文字コードがいくつか提案されています。日本の多くのパソコンでは(　　4　　)コードが、ワークステーションなどではAT&T社が決めた(　　5　　)コードがよく使われていました。しかし、最近では多言語をサポートする(　　6　　)を用いることが標準になっています。(　　6　　)の文字符号化形式には(　　7　　)や(　　8　　)などがあります。このように多くの文字コードがありますが、文字コードが異なると正常に表示されません。この現象を(　　9　　)と呼んでいます。

　　解答群　　文字、　ASCII、　EUC、　Shift JIS、　Unicode、　文字化け、　文字変換、　UTF-8、
　　　　　　　UTF-16、ISO-8859、GB2312、64、100、128、256、512

２．次の文章の空欄に入れるべき適切な語句を解答群から選んで下さい。

　　　Shift JISコードなどでは(　　1　　)ビットで漢字1文字を表現していますが、(　　2　　)のアルファベットや数字も16ビットで表現しており、このような文字を(　　2　　)文字と呼びます。アルファベットや数字は8ビットでも表現でき、このような文字を(　　3　　)文字と呼びます。

　　　伝送路で雑音が入り文字コードの0と1が反転することがあります。このような誤りを検査するために、余分に追加したビットを(　　4　　)ビットと呼びます。誤り検査の方法に(　　5　　)検査があります。

　　解答群　　8、16、32、全角、半角、漢字、検査、パリティ

３．次の2進数は、8単位(8ビット)のJISコードで書かれています。

01000001	01101111	01101011	01101001	00100000
01011001	01110101	01101011	01101001	01101111

　a) この2進数を16進数に変換して下さい。

　b) このJISコードをアルファベット(ローマ字)に変換して下さい。

4．前問を参考にして、自分の氏名のローマ字表現を、2進数と16進数で書いて下さい。

5．自分の氏名のローマ字をASCIIコードで書いて、パリティビットを付加して下さい。具体的には、姓と名の間には空白を入れ、姓と名の最初の文字は大文字、それ以降の文字は小文字にします。この文字列をASCIIコードで書き、[例題5-2]にならって、偶数方式のパリティ検査ビットを追加して下さい。

6．奇数方式のパリティ検査をしている場合、次のコードは正しいかどうかを調べて下さい。ただし、ビット誤りはたかだか1個しかないものと仮定します。

    a)「0100 0001」   b)「1100 0010」

7．前問で、偶数方式のパリティ検査をしているとして、a)とb)は正しいかどうかを調べて下さい。

標準問題

1．8ビットで1文字を表現すると、何種類の文字を表現できますか？

2．2バイトで1文字を表現すると、何種類の文字を表現できますか？

3．2バイトで表現できる文字の種類は、1バイトで表現できる文字の種類の何倍ですか？

4．1バイトで1文字を表現すると、英字26文字、数字10文字、カタカナ46文字の他に、何種類の文字を表現できますか？

5．偶数パリティ方式の場合、16進表示された次の表現のうち、誤りのあるものを選んで下さい。ただし、ビット誤りはたかだか1個しかないものと仮定します。

    a) AB   b) D3   c) E3   d) 75   e) 74

6．16進表示された次の7ビットの文字コードの先頭に1ビットのパリティビットを追加し、偶パリティになるようにして下さい。解答は16進数で書いて下さい。

    a) 0A   b) 5B   c) 4B   d) 36   e) 7F

    ヒント $(0A)_{16} = (000\ 1010)_2$ と7ビットの2進数にし、この先頭にパリティビットを追加する。

7．前問で、a)からe)にパリティビットを追加し、奇パリティになるようにして下さい。解答は16進数で書いて下さい。

8．日本語の文章を全角文字で1024文字書き、txt形式のファイルに保存すると、記憶容量は何Kバイトになるか求めてください。(注)文字以外の情報は無いと仮定してよい。

応用問題

1. ASCIIコードの先頭に横方向のパリティビットを追加し、8ビットで1文字を表現します。これらの文字を縦に4個並べた時に、この4個の文字に対する縦方向のパリティビットを図5.2のように追加し、5バイトで1個のブロックとして、データを送信する方式を考えます。

問a: 図5.2の縦方向と横方向のパリティは、偶数方式か、奇数方式かを調べなさい。

問b: 図5.2の空欄(a)〜(e)に0か1を入れて、空欄を埋めて下さい。

問c: [例題5-3]の検査方法には次の限界がありました。

　1) 2個のビットが反転した時は、誤りを発見できない。

　2) 1個のビットの反転誤りを発見できるが、訂正はできない。

図5.2の方式では、上記のような限界はどのようになるかを、議論して下さい。

図5.2　縦方向と横方向の両方向にパリティビットを追加する方法

2. [**チャレンジ！**] 前問では縦方向、横方向とも偶数方式でパリティビットを入れました。もし、奇数方式で縦方向、横方向ともパリティビットを入れようとすると、どうなりますか？　図5.2で具体的に検討して下さい。

　ヒント　図5.2では横方向に8ビット、縦方向に5ビット並んでいる。このように偶数×奇数の場合は縦横とも奇数方式にすることはできない。1文字追加し縦方向を6ビットにすると、縦横とも奇数方式にすることができる。

研究課題

図書館の本やインターネットを使って、下記の事項を調べてレポートにまとめなさい。レポートには**出典を明記**して下さい。本の場合は著者、本の題名、出版社、発行年、参考にしたページなどを、インターネットの場合にはページタイトルやURLを書いてください。

1．「Column 誤り検査」で説明したように、日本で使われているJAN規格のバーコードは
  13桁の数字を表している。この最後の数字はチェックデジットと呼ばれる誤り検査用
  の数字である。どのような原理でチェックデジットの数字を決め、誤り検査をしてい
  るのか調べてください。

2．バーコードは白黒の縦のパターンですが、小さな正方形が縦横に並んだQRコードが
  最近使われています。QRコードをスマートフォンのカメラで撮影すると簡単にイン
  ターネットにアクセスできます。QRコードは何文字表現しているのか、また誤り訂
  正能力(誤り訂正率)はどのようになっているかを調べてください。

  | ヒント | QRコードには複数の仕様があり、それにより表現できる文字数や、誤り訂
         正能力が異なる。

第**6**章 負数と2の補数

　第1章から第4章まで10進数と2進数の関係を説明しました。そこで説明したのはすべて0以上の正の数です。負数はコンピュータ内部でどのように表現するのでしょうか？10進数では「＋」や「－」の記号を使って、正負の数を表現しますが、2進数では「＋」や「－」の記号は使えません。コンピュータ内部では、負数も含め、すべてを1と0のみで表現します。

　負数の表現方法にはいくつかの方法があります。まず考えられるのが**絶対値と符号ビットを用いる方法（絶対値表現）**ですが、ほとんどのコンピュータでは**2の補数表現**を使っています。2の補数表現の理解が、この章のポイントです。

　絶対値と符号ビットを用いる方法（絶対値表現）を使うと負数と正数の足し算が簡単にはできませんが、2の補数表現を使うと簡単にできます。a－bのような引き算は、a＋（－b）のような負数の足し算に置き換えられます。負数は2の補数で表現できるので、**引き算は2の補数を加算**することになります。

本章の重要語句

　（1）符号ビット　　（2）2の補数　　（3）1の補数　　（4）桁あふれ
　（5）overflow　　（6）絶対値表現　　（7）符号なし整数

本章で理解すべき事項

　（1）負数の表現方法
　（2）nビットで表現できる数の範囲
　（3）負数を含む10進数と2進数の相互変換
　（4）2の補数表現で、先頭ビットが1なら負数、0なら正数
　（5）引き算は2の補数の加算になる

6.1　負数の表現方法

コンピュータ内部で負数を表現する方法には、次のような方法があります。

　1) 絶対値と**符号ビット**を用いる（絶対値表現)、　　2) **2の補数**を用いる、
　3) **1の補数**を用いる

　1)の絶対値と符号ビットを用いる方法（絶対値表現）では先頭ビットを**符号ビット**にし、それ以降を絶対値で表現します。符号ビットは正数なら0、負数なら1にします。
2)と3)の方法は次節以降で説明します。

【例題 6-1】　　$(5)_{10}$ と $(-5)_{10}$ を絶対値と符号ビットを用いて、4 ビットで絶対値表現して下さい。

解答例　　$(5)_{10} = (101)_2$ となるので、4ビットで表現すると、次のようになります。先頭に追加した数字が符号ビットです。

$$(5)_{10} = (\underset{\underset{\text{符号ビット}}{\uparrow}}{0}101)_2 \qquad (-5)_{10} = (\underset{\underset{\text{符号ビット}}{\uparrow}}{1}101)_2$$

$$
\begin{array}{r}
0101 \quad \leftarrow \quad (5)_{10} \\
+\ \ 1101 \quad \leftarrow \quad (-5)_{10} \\
\hline
10010
\end{array}
$$

図6.1　$(5)_{10}$と$(-5)_{10}$の加算

　なお、絶対値と符号ビットを用いる方法では単純にビットごとの加算を行うと、図6.1に示すように $(5)_{10} + (-5)_{10} = (10010)_2$ となり、0になりません。そのため、絶対値と符号ビットを用いる方法を使うと加算回路が複雑になります。このような理由もあり、コンピュータでは絶対値と符号ビットを用いる方法を使わず、2の補数表現を使います。

6.2　10進数の補数

　2進数の**補数**(complement)を説明する前に、10進数の補数について説明します。10進数の補数には「9の補数」と「10の補数」の2種類があります。補数は「元の数」との関係で定義されます。「元の数」に「9の補数」を足すと9999…9となる数が、「9の補数」です。補数を考える時は、**何桁の数を考えているかを明確にする**必要があります。「9」は考えている桁数だけ並びます。

　　　　　「9の補数」と「元の数」との関係：(元の数) + (9の補数) = 9999…9

【例題 6-2】 「9 の補数」と「元の数」との関係を具体例で示して下さい。

解答例
$$（元の数）＋（9の補数）＝ 9999 \cdots 9$$
3桁の場合： 367 ＋ 632 ＝ 999
5桁の場合： 12345 ＋ 87654 ＝ 99999

「10の補数」は次のように定義されます。 （10の補数）＝（9の補数）＋ 1
このことから、次の関係が成り立ちます。

「10の補数」と「元の数」との関係：（元の数）＋（10の補数）＝ 1000 \cdots 0

【例題 6-3】 「10 の補数」と「元の数」との関係を具体例で示して下さい。

解答例
$$（元の数）＋（10の補数）＝ 10000 \cdots 0$$
3桁の場合： 367 ＋ 633 ＝ 1000
5桁の場合： 12345 ＋ 87655 ＝ 100000

6.3 2の補数

2進数の補数には、**1の補数**と**2の補数**の2種類があります。「元の数」に「1の補数」を足すと111…1となる数が、「1の補数」です。「1の補数」は「元の数」の0と1を反転した数です。

「1の補数」と「元の数」との関係：（元の数）＋（1の補数）＝ 1111 \cdots 1

【例題 6-4】 「1 の補数」と「元の数」との関係を具体例で示して下さい。

解答例 10進数の$(2)_{10}$を2進数に変換した場合を例にして説明します。

$$（元の数）＋（1の補数）＝ 1111 \cdots 1$$
3桁の場合： 010 ＋ 101 ＝ 111
5桁の場合： 00010 ＋ 11101 ＝ 11111

「2の補数」は次のように定義されます。**（2の補数）＝（1の補数）＋ 1**
このことから、次の関係が成り立ちます。

「2の補数」と「元の数」との関係：（元の数）＋（2の補数）＝ 1000 \cdots 0

【例題 6-5】　「2 の補数」と「元の数」との関係を具体例で示して下さい。

解答例　　[例題6-4]と同じように、$(2)_{10}$ を例にして説明します。

$$(元の数) + (2の補数) = 10000\cdots 0$$

3桁の場合：　　010　＋　　110　＝　　1000

5桁の場合：　00010　＋　11110　＝　100000

　ところで、コンピュータ内部で数を記憶するには記憶装置が必要です。16ビットの数を記憶するには16個、32ビットの数を記憶するには32個の記憶装置が必要です。そこで、多くのコンピュータでは整数1個を記憶するのに必要な記憶装置の数を決めています。言い換えれば、整数を2進数で表現した時のビット数を、たとえば、16ビットあるいは32ビットなどと決めています。

　いま、3ビットで整数を表現するコンピュータで、足し算を行う場合を考えます。ここでは、[例題6-5]の「元の数」と「2の補数」の足し算を行います。

```
  010 ・・・・「元の数」
+ 110 ・・・・「2の補数」
 1000  →  先頭ビットの情報は捨てられる  →  加算結果 = (000)₂ = 0
```

　3桁の2進数の足し算の結果が4桁(1000)になりました。しかし、このコンピュータでは3ビット分しか記憶装置がないので、先頭の4ビット目の情報は捨てられます。その結果、加算結果は(000)すなわち0になります。5ビットで整数を表現するコンピュータでも同じ現象が生じます。

```
  00010 ・・・・「元の数」
+ 11110 ・・・・「2の補数」
 100000  →  先頭ビットの情報は捨てられる  →  加算結果 = (00000)₂ = 0
```

　以上のことをまとめると、「元の数」と「2の補数」には次の関係があることがわかります。

$$(元の数) + (2の補数) = 0$$
$$\therefore \ (2の補数) = -(元の数)$$

　すなわち、「2の補数」は「元の数」の符号を反転した数になっています。言い換えれば、**2の補数は負数を表現している**ことになります。

6.4　2の補数表現を使った負数の表現

2の補数表現を使った場合、10進数を2進数で表現するには、次のようにします。

【重要】

a) 10 進数の正数を、2 の補数を使って表現する方法（第 2 章で説明した方法）

　　1）10 進数を 2 で割って、商と余りを求める。

　　2）商が 0 になるまで、商を 2 で割って、商と余りを求める。

　　3）余りを下から上に求め、左から右に並べると、2 進数が求まる。

b) 10 進数の負数を、2 の補数を使って表現する方法

　　1）元の数の絶対値を取り、その 2 進数を上記 a)の方法で求める。

　　2）指定されたビット数になるように、先頭に 0 を追加する。

　　3）0 と 1 を反転し、1 の補数を求める。

　　4）1 の補数に 1 を加え、2 の補数を求める。

　　5）最後に求めた 2 の補数が、元の数（負数）の 2 進表現になる。

【例題6-6】　2の補数表現を用いて、次の数を4ビットの2進数で表現して下さい。

　　　a) $(-8)_{10}$　　　b) $(-5)_{10}$　　　c) $(-1)_{10}$　　　d) $(3)_{10}$

解答例　　a)～c)は負数なので、絶対値を取り2進数に変換し、2の補数を求めます。

　　　　　　　　　　〈0と1を反転する〉　　　　　　〈1を加える〉

a) $(8)_{10} = (1000)_2 \rightarrow$ 1の補数を求める $\rightarrow (0111) \rightarrow$ 2の補数を求める $\rightarrow (1000)_2 = (-8)_{10}$

b) $(5)_{10} = (0101)_2 \rightarrow$ 1の補数を求める $\rightarrow (1010) \rightarrow$ 2の補数を求める $\rightarrow (1011)_2 = (-5)_{10}$

c) $(1)_{10} = (0001)_2 \rightarrow$ 1の補数を求める $\rightarrow (1110) \rightarrow$ 2の補数を求める $\rightarrow (1111)_2 = (-1)_{10}$

　　　　　　　↑
　　　　全部で4ビットになるように先頭に0を追加します。

d) $(3)_{10}$ は正数なので、そのまま2進数に変換します。　$(3)_{10} = (0011)_2$

　表6.1に4ビットで表現した場合の10進数と2の補数との関係を示します。「+0」と「−0」は同じ値ですが、この表から明らかなように、1の補数では「+0」と「−0」とで表現が異なります。また、1の補数では「−8」を表現できません。2の補数にはこのような問題点がありません。

　表6.1から明らかなように、**2の補数表現を用いると、負数の先頭ビットは1で、正数の先頭ビットは0になります。**これは重要な性質です。

表6.1　10進数と2の補数との関係（4ビットで表現した場合）　【重要】

10進数	2の補数	1の補数
-8	1000	表現不可能
-7	1001	1000
-6	1010	1001
-5	1011	1010
-4	1100	1011
-3	1101	1100
-2	1110	1101
-1	1111	1110
-0	0000	1111

10進数	2の補数	1の補数
+0	0000	0000
+1	0001	0001
+2	0010	0010
+3	0011	0011
+4	0100	0100
+5	0101	0101
+6	0110	0110
+7	0111	0111
+8	表現不可能	表現不可能

　[例題6-1] の絶対値と符号ビットを用いる方法では、図6.1に示すように $(5)_{10}$ + $(-5)_{10}$ = $(10010)_2$ となり、0になりませんでした。しかし、2の補数表現を使うと図6.2のように、桁あふれした情報を捨てると$(0000)_2$、すなわち0になり、通常のビットごとの演算で正しい結果が求まります。このように2の補数表現を使うと、引き算を負数の加算に置き換えることができるので、演算回路の作成が簡単になります。このような理由で、多くのコンピュータでは**負数を表現するのに2の補数表現を用いています。**

```
      0 1 0 1   ←　(5)₁₀
  +   1 0 1 1   ←　(-5)₁₀
    1 0 0 0 0   →　4 ビットにすると (0000)₂ になる
```

図6.2　2の補数表現による$(5)_{10}$と$(-5)_{10}$の加算

【例題 6-7】　$(-38)_{10}$ を 2 の補数表現を用いて、8 ビットと 16 ビットで表現して下さい。

解答例

a) $(38)_{10}$ = $(\underline{0010\ 0110})_2$ → 1の補数を求める → (1101 1001)
　　　↑　　　　　　　　→ 2の補数を求める → $(1101\ 1010)_2$ = $(-38)_{10}$
　　　先頭に0を2個追加し8ビットにする

b) $(38)_{10}$ = $(\underline{0000\ 0000\ 0010\ 0110})_2$ → 1の補数を求める → (1111 1111 1101 1001)
　　　　↑　　　　　　　　　　　→ 2の補数を求める → $(1111\ 1111\ 1101\ 1010)_2$ = $(-38)_{10}$
　　　先頭に0を10個追加し16ビットにする

　2の補数を求める時は、何ビットで数を表現するかをまず決めます。10進数の絶対値

を2進数で表現した時、ビット数が少なければ上位に0を付加して、全体のビット数を指定されたビット数にします。その後、0と1を反転して、1の補数を求めます。また、[例題6-7]の[解答例]からわかるように、ビット数が多くなると2の補数表現では、先頭に1のビットが多く並びます。

6.5　nビットで表現できる数の範囲

　4ビットを使えば $2^4 = 16$ 通りの数を表現できます。0以上の数だけを表現するなら、0から15まで表現できます。負数も表現する場合には、表現できる数の最大値は約半分になります。2の補数表現を使った場合、表6.1から明らかなように、$-8 \sim +7$ まで表現できます。正数が8でなく7と1少ないのは、0を表現しているためです。

　1個の整数を n ビットで表現するコンピュータの場合、表現できる数の範囲は、表6.2のようになります。また、コンピュータでの演算結果が表6.2に示した範囲外の数になると、演算結果を正しく表現できません。数が表現できる範囲を超えることを**桁あふれ**（**overflow**）と呼びます。[応用問題]の問題1と2および問題6と7を参照して下さい。

表6.2　nビットを使った場合、表現できる数の範囲　　【重要】

ビット数	2の補数表現を使った場合				絶対値のみを表現する場合		
n	-2^{n-1}		$\sim$	$2^{n-1}-1$	$0 \sim$	2^n-1	
4	$-2^3 =$	-8	$\sim$	$2^3-1 =$	7	$0 \sim 2^4-1 =$	15
8	$-2^7 =$	-128	$\sim$	$2^7-1 =$	127	$0 \sim 2^8-1 =$	255
16	$-2^{15} =$	-32768	$\sim$	$2^{15}-1 =$	32767	$0 \sim 2^{16}-1 =$	65535
32	$-2^{31} \fallingdotseq$	-2×10^9	$\sim$	$2^{31}-1 \fallingdotseq$	2×10^9	$0 \sim 2^{32}-1 \fallingdotseq$	4×10^9
64	$-2^{63} \fallingdotseq$	-2×10^{19}	$\sim$	$2^{63}-1 \fallingdotseq$	2×10^{19}	$0 \sim 2^{64}-1 \fallingdotseq$	4×10^{19}

6.6　2の補数表現を使った場合の2進数を10進数に変換する方法

　2の補数表現を使った2進数を10進数に変換する場合、元の10進数の正負に注意する必要があります。具体的には次のようにします。

　　a）先頭ビットが 0 の場合：元の 10 進数は正数である。　　【重要】
　　　各桁に 2^n の重みがあるとして、10 進数に変換する。
　　b）先頭ビットが 1 の場合：元の 10 進数は負数である。
　　　1）0 と 1 を反転し、1 を加える。
　　　2）上記の 2 進数を 10 進数に変換する。
　　　3）求めた 10 進数にマイナス記号「－」を付ける。

　なお、16進数は「－」の符号を付けず、2進数をそのまま16進数に変換して求めます。

【重要】　2の補数表現の場合、先頭ビットが 1 なら負数、先頭ビットが 0 なら正数。

【例題6-8】　2の補数表現を用いた次の2進数を、16進数と10進数に変換して下さい。

　　　　　a) $(1110)_2$　　　　　　　　b) $(0110)_2$

解答例

a) 16進数はそのまま変換すればよい。$(1110)_2 = (E)_{16}$

　10進数に変換するには、先頭ビットを調べ、正数か負数かを求めます。先頭ビットが「1」なので$(1110)_2$は負数になります。そこで、$(1110)_2$の2の補数を求めます。

　　　　$(1110)_2$ → 0と1を反転する → (0001) → 1を加える → $(0010)_2 = (2)_{10}$

　よって、$(1110)_2 = (-2)_{10}$

b) 先頭ビットが0なので、正数である。16進数も10進数もそのまま変換すればよい。
　よって、$(0110)_2 = (6)_{16} = (6)_{10}$

考察

　a)の$(1110)_2$をそのまま10進数に変換すると、$(1110)_2 = 2^3 + 2^2 + 2^1 = (14)_{10}$になります。しかし、表6.1から明らかなように4ビットを使った場合、－8 〜 +7までしか表現できないので、$(14)_{10}$は表現できません。[解答例]に書いたように、先頭ビットが1の場合負数になるので、0と1を反転し、1を加え、その2進数を10進数に変換し、「－」符号を付けます。

　2進数を16進数に変換する時は、負数でも正数でも4ビットずつ区切って、2進数を16進数に変換します。

6.7 符号なし整数

　コンピュータの記憶装置の番地は0以上の数になっています。このように0以上の数しか使わない場合は、2の補数表現を使わず、第2章や第3章で説明した方法を使います。この表現方法を**符号なし整数**と呼びます。

　表6.2の右側に書いたように、符号なし整数では表現できる数の最大値が2の補数表現

より大きくなります。たとえば4ビットを使った場合、2の補数表現では表現できる数の範囲は-8〜+7ですが、符号なし整数では0〜15になります。符号なし整数であると仮定すれば、［例題6-8］のa)の$(1110)_2$は$(14)_{10}$になります。b)の$(0110)_2$は符号なし整数でも2の補数表現と同じ$(6)_{10}$です。

本章の要点

1．負数を表現するには2の補数表現を使います。

2．2進数の0と1を反転し、1を加えると2の補数になります。

3．表現できる数の最大値は、1つの整数を表現するのに使うビット数で決まります。

4．2の補数表現では、負数の先頭ビットは1で、正数の先頭ビットは0になります。

演習問題

基礎問題

1．次の文章の空欄に入れるべき適切な語句を解答群から選んで下さい。

　　　2進数で負数を表現する方法はいくつかあります。（　1　）を用いる方法では、絶対値を取って2進数に変換し、先頭に符号ビットを追加します。（　2　）を用いる方法では、絶対値を取って2進数に変換し、0と1を反転させて、1を加えます。2の補数表現を用いる方法では元の数が正数の場合先頭ビットは（　3　）になり、元の数が負数の場合は（　4　）になります。

　　解答群　　絶対値表現、1の補数表現、2の補数表現、0、1、＋、－

2．+7 〜 −8までの10進数を4ビットの2の補数と1の補数に変換して下さい。

3．次の2進数を16進数と10進数に変換して下さい。ただし、6.7節で説明した絶対値表現を用いている。途中の計算式も書いて下さい。
　　　　　a) $(1111\ 1010)_2$　　　　　b) $(1101\ 0101)_2$　　　　　c) $(1010\ 1111)_2$
　　　　　d) $(0111\ 1010)_2$　　　　　e) $(0101\ 0101)_2$　　　　　f) $(0010\ 1111)_2$

4．次の2進数を16進数と10進数に変換して下さい。ただし、2の補数表現を用いている。途中の計算式も書いて下さい。
　　　　　a) $(1111\ 1010)_2$　　　　　b) $(1101\ 0101)_2$　　　　　c) $(1010\ 1111)_2$
　　　　　d) $(0111\ 1010)_2$　　　　　e) $(0101\ 0101)_2$　　　　　f) $(0010\ 1111)_2$
　　　　　g) $(1000\ 0110)_2$　　　　　h) $(1010\ 1011)_2$　　　　　i) $(1101\ 0001)_2$

5．2の補数表現を用いて、次の10進数を2進数(8桁)と16進数(2桁)に変換して下さい。途中の計算式も書いて下さい。
　　　　　a) $(75)_{10}$　　　　b) $(-75)_{10}$　　　　c) $(13)_{10}$　　　　d) $(-13)_{10}$
　　　　　e) $(110)_{10}$　　　　f) $(-110)_{10}$

6．2の補数表現を用いて、次の10進数を2進数(16桁)と16進数(4桁)に変換して下さい。途中の計算式も書いて下さい。
　　　　　a) $(75)_{10}$　　　　b) $(-75)_{10}$　　　　c) $(13)_{10}$　　　　d) $(-13)_{10}$
　　　　　e) $(110)_{10}$　　　　f) $(-110)_{10}$　　　　g) $(250)_{10}$　　　　h) $(-250)_{10}$

ヒント

　　符号なし整数を10進数に変換すると、0以上の数になる。
　　2の補数表現を10進数に変換すると、先頭ビットが1なら負数、0なら0以上の数にな

る。

2の補数表現を8進数や16進数に変換する方法は、絶対値表現の2進数を変換するのと同じ。

標準問題

1．次のビット数を使って表現できる数の最大値と最小値を10進数で答えて下さい。ただし、6.7節で説明した符号なし整数を用いるとする。

     a) 8ビット   b) 16ビット   c) 32ビット

2．前問で、2の補数表現を用いた場合、表現できる最大値と最小値を10進数で答えて下さい。

応用問題

1．10進数 $(250)_{10}$ を8ビットの2進数で表現すると、どうなるかを説明して下さい。ただし、6.7節で説明した符号なし整数を用いるとする。

2．前問で、2の補数表現を用いた場合、どうなるかを説明して下さい。

3．24ビットを用いて、0と正の整数を表現すると、最大の整数はいくつになりますか？ 2^n の形式を使って、10進数で答えて下さい。

4．コンピュータ内部には記憶装置があり、記憶位置には番地(アドレス)が付いています。番地は0と正の整数で表現されます。番地を24ビットで表現すると最大の番地はいくつになりますか？ 16進数で答えて下さい。

5．1GB(ギガバイト)の記憶容量があるコンピュータを考えます。この記憶装置に番地を付けるには、最低何ビットで番地を表現する必要がありますか？

    ヒント   番地はバイト単位で付けられていると考えてよい。

6．16ビットの2の補数表現で1つの整数を扱っているコンピュータを考える。
  a) 10進数 $a = (123)_{10}$ と $b = (198)_{10}$ を2の補数表現を用いて、16ビットの2進数に変換して下さい。
  b) この2個の2進数の和 $z = a + b$ を16ビットの2進数で書いて下さい。
  c) 上記 z を10進数に変換して下さい。
  d) 10進数で計算すると、$z = a + b = (123)_{10} + (198)_{10} = (321)_{10}$ となる。この値は上記の問 c) と一致することを確認して下さい。

7. 8ビットの2の補数表現で1つの整数を扱っているコンピュータを考える。

前問と同様に a = $(123)_{10}$、 b = $(198)_{10}$ として前問の a) ～ d) の結果を書いて下さい。ただし、2進数は8ビットの2の補数表現を用いて表現する。

なお、問c)で求めた z は $(321)_{10}$ にならない。なぜ、問c)の z は $(321)_{10}$ にならないのか。その理由を書いて下さい。

| ヒント | 6.5 節と表 6.2 参照。

第 **7** 章　固定小数点数

　コンピュータ内部での**数値の表現方法は、整数と実数とで大きく異なります**。この章で整数の表現方法を、次章で実数の表現方法を説明します。

　数を2進数で表現した時、すべてのビットを左あるいは右に移動させることを**シフト**といいます。シフトには算術シフトと論理シフトがあり、本章の最後に算術シフトについて説明します。左シフトで掛け算が、右シフトで割り算が行えます。

本章の重要語句

- (1) 整数
- (2) 実数
- (3) ゾーン10進数
- (4) パック10進数
- (5) 固定小数点数
- (6) 浮動小数点数
- (7) 事務計算
- (8) 科学技術計算
- (9) 有効桁数
- (10) 固定長
- (11) 可変長
- (12) 算術シフト

本章で理解すべき事項

- (1) 事務計算と科学技術計算と数値の表現方法　　(2) 固定小数点数の表現方法
- (3) ゾーン10進数とパック10進数の表現方法
- (4) 固定小数点数で表現できる数の範囲　　(5) 算術シフトと乗除算との関係

7.1　いろいろな数とコンピュータ内部での数の表現方法

　コンピュータ内部では**整数**と**実数**とを区別して、異なる形式で表現します。コンピュータ内部での数の表現形式を表7.1に示します。

表7.1　コンピュータ内部での数の表現形式

区　分	形　式	名　称	使用ビット数	応　用
整　数	10進形式	ゾーン10進数	可　変	入出力
		パック10進数	可　変	事務計算
	2進形式	固定小数点数	固　定	番地、繰り返し回数
実　数		浮動小数点数	固　定	科学技術計算

　整数の表現形式には、**10進形式**と**2進形式**があります。10進形式には**ゾーン10進数**と**パック10進数**があります。2進形式の数は2の補数で表現され、**固定小数点数**とも呼ば

れています。

　整数とは小数部がない数ですが、小数点「.」がいつも一番右側にあると考えることもできます。小数点が一番右側に固定されているので、固定小数点数と呼ばれています。

　実数とは小数点「.」が付いた数で、小数点の位置が固定されていないので、**浮動小数点数**と呼ばれています。

　キーボードから入力した数はゾーン10進数に変換され、その後パック10進数に変換されます。事務計算の場合、パック10進数が使われます。科学技術計算などの場合、パック10進数がさらに固定小数点数や浮動小数点数に変換され、演算に使われます。演算終了後、パック10進数に戻され、さらにゾーン10進数に変換されて出力装置に表示されます。すなわち、ゾーン10進数は外部とのやり取りに使われ、内部での処理にはパック10進数・固定小数点数・浮動小数点数が使われています。

　日本の国家予算は数十兆円と非常に大きな数値になります。しかし、お金の計算では1円のミスも許されません。一般に、このような**事務計算**ではパック10進数が用いられます。

　コンピュータ内部には記憶装置がたくさんあり、それらを区別するために**番地**が付けられています。また、コンピュータでは同じような処理を何回も繰り返して実行しますが、何回繰り返したかを数えておく必要があります。記憶装置の番地や繰り返し回数などを表すのに固定小数点数が使われます。

　科学技術計算では、光の速度$(3 \times 10^{10} \text{cm/sec})$やアボガドロ定数$(6 \times 10^{23}/\text{mol})$などのような大きな数や、電子の質量$(9 \times 10^{-28}\text{g})$などのような小さな数を扱いますが、**有効桁数**が10桁程度あれば十分で、多少の**誤差**は許されます。このような目的のために浮動小数点数が使われます。

　本章では整数の表現方法を説明し、次章で浮動小数点数の表現方法を説明します。

7.2　整数の表現方法

　コンピュータ内部で表現される整数には、次の2種類があります。

　　1) 固定長固定小数点数 (2進形式の整数)
　　2) 可変長固定小数点数 (10進形式の整数)

　固定小数点数とは、小数点の位置が固定されていることを意味します。具体的には一番右側に小数点が固定されていると考えます。小数点から右には数がないので、整数を表していることになります。

　固定長とは、1つの数を表現するのに使うビット数が、固定されていることを意味します。これに対して、**可変長**とは表現する数の大小により、使うビット数が異なること

を意味します。この本では今後単に固定小数点数といえば、固定長固定小数点数のことを意味することにします。

7.3 固定長固定小数点数

固定長固定小数点数は、**2の補数表現**で表します。使用するビット数はコンピュータの環境により異なります。普通、1つの整数を表現するのに、16ビット(2バイト)あるいは32ビット(4バイト)使います。8ビットあるいは64ビット使う場合もあります。使うビット数を多くすると大きな数まで表現できますが、多くのメモリ(記憶装置)を使うことになります。

表6.2に示したように、使用するビット数を決めると表現できる数の最大値が決まります。演算結果がこの最大値を越えた場合は**桁あふれ**を起こし、正しい結果が求まりません。固定長固定小数点数にはこのような問題点があります。

【例題 7-1】 $(27)_{10}$ と $(-27)_{10}$ を 2 バイト長の固定小数点数で表現して下さい。結果を 2 進数および、16 進数で表して下さい。

解答例

a) $(27)_{10}$ の2進数を求め、2バイト(16ビット)になるように先頭に0を追加します。

$$(27)_{10} = (0000\ 0000\ 0001\ 1011)_2 = (001B)_{16}$$

b) a)で求めた $(27)_{10}$ の2進数を、2の補数に変換すれば、$(-27)_{10}$ の2進数が求まります。

$$(-27)_{10} = (1111\ 1111\ 1110\ 0101)_2 = (FFE5)_{16}$$

7.4 可変長固定小数点数

大きい数でも桁あふれが生じないように、大きい数を表現する時は多くのビット数を使い、小さい数を表現する時は少ないビット数を使って表現した整数を**可変長固定小数点数**といいます。可変長固定小数点数には、**ゾーン10進数**と**パック10進数**があります。

（1）ゾーン10進数

ゾーン10進数では、10進数1桁を8ビットで表現します。この8ビットは4ビットの**ゾーン部**と4ビットの**数値部**で構成されています。ゾーン部はASCIIコードやJISコードの場合は(0011)になり、数値部にはBCDコードが入ります。言い換えれば、第5章で説明した文字コードがそのまま入ることになります。

　　最下位の数値のゾーン部には(0011)ではなく、正負を表す**符号ビット**、すなわち
正の場合には(1100)が、負の場合には(1101)が入ります。これによってデータの終
わりを識別し、長さを可変にすることができます。

（２）パック10進数

　　ゾーン10進数では符号部以外のゾーン部はすべて同じで、むだの多い表現になっ
ています。このゾーン部を取り除いたのがパック10進数です。パック10進数では、
符号ビットはゾーン10進数と同じで、正の場合は(1100)、負の場合は(1101)で一番
右側に追加されます。

【例題7-2】　次の10進数をゾーン10進数とパック10進数で表現して下さい。ASCII
　　　　　　コードを使うものとします。結果を2進数および、16進数で表して下
　　　　　　さい。
　　　　　　a) $(27)_{10}$　　　　b) $(-27)_{10}$　　　　c) $(9876)_{10}$　　　　d) $(-9876)_{10}$

解答例

a) $(27)_{10}$　：ゾーン10進数　：$(0011\ 0010\ 1100\ 0111)_2 = (32C7)_{16}$

b) $(-27)_{10}$　：ゾーン10進数　：$(\underline{0011}\ \underline{0010}\ \underline{1101}\ \underline{0111})_2 = (32D7)_{16}$
　　　　　　　　　　　　　　　　　↑　　　↑　　　↑　　　↑
　　　　　　　　　　　　　　　　ゾーン　数値　符号　数値

a) $(27)_{10}$　：パック10進数　：$(0010\ 0111\ 1100)_2 = (27C)_{16}$

b) $(-27)_{10}$　：パック10進数　：$(\underline{0010}\ \underline{0111}\ \underline{1101})_2 = (27D)_{16}$
　　　　　　　　　　　　　　　　　↑　　　↑　　　↑
　　　　　　　　　　　　　　　　数値　数値　符号

c) $(9876)_{10}$　：ゾーン10進数　：$(0011\ 1001\ 0011\ 1000\ 0011\ 0111\ 1100\ 0110)_2 = (3938\ 37C6)_{16}$

d) $(-9876)_{10}$：ゾーン10進数　：$(\underline{0011}\ \underline{1001}\ \underline{0011}\ \underline{1000}\ \underline{0011}\ \underline{0111}\ \underline{1101}\ \underline{0110})_2 = (3938\ 37D6)_{16}$
　　　　　　　　　　　　　↑　　　↑　　　↑　　　↑　　　↑　　　↑　　　↑　　　↑
　　　　　　　　　　　　ゾーン　数値　ゾーン　数値　ゾーン　数値　符号　数値

c) $(9876)_{10}$　：パック10進数　：$(1001\ 1000\ 0111\ 0110\ 1100)_2 = (9876C)_{16}$

d) $(-9876)_{10}$：パック10進数　：$(\underline{1001}\ \underline{1000}\ \underline{0111}\ \underline{0110}\ \underline{1101})_2 = (9876D)_{16}$
　　　　　　　　　　　　　　　↑　　　↑　　　↑　　　↑　　　↑
　　　　　　　　　　　　　　数値　数値　数値　数値　符号

　　ゾーン10進数とパック10進数は、かつてメインフレームや一部の旧式なシステムで広く
使用されていましたが、現在では一般的ではありません。現代のコンピュータアーキテクチ
ャやプログラミング言語においては、整数や浮動小数点数などの標準的な数値表現フォーマ
ットを使用するのが一般的です。

7.5 整数の乗除算と算術シフト

2進数を固定小数点数で表現すると、第n桁目は2^{n-1}の重みを持ちます。すべてのビットを1ビット左に移動（**シフト**: shift、桁送り）すると、元の数の2倍になります。逆に右に1ビットシフトすると、元の数の半分(1/2倍)になります。

シフトには**算術シフト**と**論理シフト**があります。算術シフトでは上記の2倍、あるいは1/2倍の関係が保たれるようにシフトします。論理シフトは12.3節で説明します。

固定小数点数で表現したとき、先頭ビットは符号ビットになり、算術シフトでは符号ビットはシフトせず、残りのビットをシフトします。一般にnビットシフトしたときは、次のようになります。

> 左に n ビット算術シフトすると、2^n 倍になり、2^n を掛けたことになる。
> 右に n ビット算術シフトすると、2^{-n} 倍になり、2^n で割ったことになる。

左シフトのときは、左にはみ出たビットは捨てます。右側の空いた所には0を入れます。ただし、左シフトで桁あふれがあったとき（1が捨てられたとき）は、2^n倍にはなりません。

右シフトでは、左側の空いた所には先頭ビットと同じビット(符号ビット)を入れます。右にはみ出たビットは捨てます。ただし、右シフトによって1が捨てられたとき、小数点以下が切り捨てられ、2^{-n}倍にはなりません。

【例題 7-3】　10 進数$(27)_{10}$と$(-27)_{10}$を 8 ビットの固定小数点数で表現したとき、左に 2 ビット、あるいは右に 2 ビット算術シフトした時の 2 進数と 10 進数を求めて下さい。

解答例

[例題7-1]で求めた2進数を8ビットで表現し、シフトします。

a) $(27)_{10}$を2進数に変換した$(0001\ 1011)_2$を、図7.1に示すように左に2ビットシフトすると$(0110\ 1100)_2 = (108)_{10}$となり、$(108)_{10}$は元の数$(27)_{10}$の$4\,(=2^2)$倍になっています。次に、右に2ビットシフトすると$(0000\ 0110)_2 = (6)_{10}$となります。シフトした結果の$(6)_{10}$は27/4 = 6.75なので、元の数$(27)_{10}$を4で割って、切り捨てた数になっています。右シフトではみ出た1が捨てられたので、切り捨てになっています。

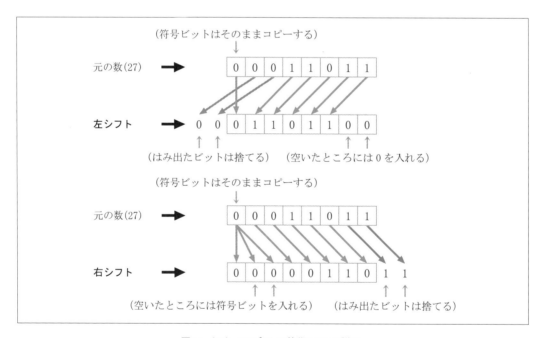

図7.1　$(27)_{10}$の2ビットの算術シフトの説明

b) $(-27)_{10}$を2進数に変換した$(1110\ 0101)_2$を図7.2に示すように左に2ビットシフトすると$(1001\ 0100)_2 = (-108)_{10}$となり、$(-108)_{10}$は元の数$(-27)_{10}$の$4\,(=2^2)$倍になっています。次に、右に2ビットシフトすると$(1111\ 1001)_2 = (-7)_{10}$となります。シフトした結果の$(-7)_{10}$は-27/4 = -6.75なので、元の数$(-27)_{10}$を4で割って切り捨てた数になっています。負数の右シフトで1が捨てられた場合、値が小さくなる(絶対値が大きくなる)ように切り捨てられることに注意して下さい。

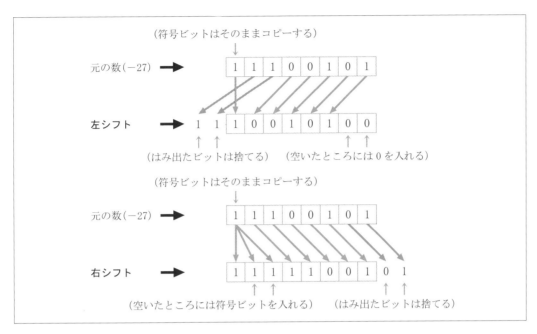

図7.2　$(-27)_{10}$の2ビットの算術シフトの説明

【例題7-4】　「56×18」の掛け算を算術シフトを使って行う方法を説明して下さい。

解答例

$$18 = 16 + 2 = 2^4 + 2^1$$

$$\therefore\ 56 \times 18 = 56 \times (2^4 + 2^1) = 56 \times 2^4 + 56 \times 2^1$$

　故に、56を4ビット左にシフトした数と、56を1ビット左にシフトした数との和を求めればよい。

考察　この例題から、整数の掛け算は左シフトと加算で求まることがわかります。

本章の要点

1．事務計算には桁あふれが生じないパック10進数を使い、科学技術計算には大きい数でも一定のビット数で表現できる浮動小数点数を使います。

2．桁あふれが生じない範囲で固定小数点数を n ビット算術シフトすると、左シフトでは乗算（2^n倍）、右シフトでは除算（$1/2^n$倍）になります。

演習問題

基礎問題

1．次の文章の空欄に入れるべき適切な語句を解答群から選んで下さい。

　　　コンピュータ内部での整数の表現方法は 10 進形式と 2 進形式があります。
　（　　1　　）進形式にはゾーン 10 進数とパック 10 進数があります。（　　2　　）10 進
　数はゾーン部と数値部とから構成され、最後のゾーン部に符号ビットを入れま
　す。（　　3　　）10 進数にはゾーン部が存在しないので、ゾーン 10 進数より少ない
　ビット数で数を表現できます。パック 10 進数は主に（　　4　　）計算で使われ、10
　進数 1 桁が（　　5　　）ビットで表現され、大きな数を表現するには多くのビットを
　使います。そのため、桁あふれという現象が（　　6　　）。

　　　2 進形式の整数は（　　7　　）小数点数とも呼ばれ、数の大小に関係なく、数を表
　現するのに必要なビット数は 32 ビットあるいは 16 ビットなどと固定されていま
　す。そのため、大きな数を表現しようとすると桁あふれが（　　8　　）。

　　　コンピュータ内部では整数と実数はまったく異なる方式で表現されています。
　実数は（　　9　　）小数点数とも呼ばれており、主に（　　10　　）計算で使われます。
　整数は誤差がなく正確に数を表現できますが、実数はある一定の有効桁数で表現
　します。

解答群　　2、4、8、10、16、事務、科学技術、ゾーン、パック、生じます、
　　　　　生じません、浮動、固定

2．次の文章の空欄に入れるべき適切な語句を解答群から選んで下さい。

　　　シフトには（　　1　　）シフトと論理シフトがあります。算術シフトで桁あふれの
　生じない範囲で 1 ビット左シフトすると（　　2　　）倍になり、右シフトすると
　（　　3　　）倍になります。すなわち、（　　4　　）シフトを使うと乗算が、（　　5　　）
　シフトを使うと除算が行えます。

解答群　　1、2、4、8、1/2、1/4、1/8、算術、加算、減算、乗算、除算、右、左、
　　　　　中央

3．次の10進数をゾーン10進数で表現して下さい。ただし、ASCIIコードを使うこと。
　　解答は2進数と16進数の両方書いて下さい。

　　　a) $(987)_{10}$　　　　b) $(-987)_{10}$　　　　c) $(654)_{10}$　　　　d) $(-654)_{10}$

4．次の10進数をパック10進数で表現して下さい。ただし、ASCIIコードを使うこと。解答は2進数と16進数の両方書いて下さい。

 a) $(987)_{10}$ b) $(-987)_{10}$ c) $(1968)_{10}$ d) $(-1968)_{10}$

標準問題

1．次の数を2バイト長の固定小数点数で表して下さい。解答は2進数と16進数の両方で書いて下さい。

 a) $(30)_{10}$ b) $(-30)_{10}$ c) $(1968)_{10}$ d) $(-1968)_{10}$

2．10進数 n 桁の整数をゾーン10進数で表現すると、何ビットになるかを求めて下さい。

3．10進数 n 桁の整数をパック10進数で表現すると、何ビットになるかを求めて下さい。

4．16ビットの固定小数点数で表現できる数の最大値と最小値を10進数で求めて下さい。

5．32ビットの固定小数点数で表現できる数の最大値と最小値を10進数で求めて下さい。

応用問題

1．[例題7-4]にならって、「34×24」を算術シフトを使って行う方法を説明して下さい。

2．$(50)_{10}$ を8ビットの2進数で表現し、右に2ビット算術シフトする。これを10進数に変換するといくつになるかを求めて下さい。また、元の数 $(50)_{10}$ とシフト後の数の関係を議論して下さい。[例題7-3]を参照して下さい。

3．前問で、左に1ビット算術シフトした場合を求めて下さい。また、元の数 $(50)_{10}$ とシフト後の数の関係を議論して下さい。

4．$(-50)_{10}$ を2の補数表現で表し、8ビットの記憶装置に記憶する。これを右に2ビット算術シフトして得られる数を10進数に変換すると、いくつになるかを求めて下さい。また、元の数 $(-50)_{10}$ とシフト後の数の関係を議論して下さい。[例題7-3]を参照して下さい。

5．前問で、左に1ビット算術シフトした場合を求めて下さい。また、元の数 $(-50)_{10}$ とシフト後の数の関係を議論して下さい。

第**8**章 浮動小数点数

　第7章では整数の表現方法を説明しました。この章では実数の表現方法を説明します。実数の代表的な表現方法は**IEEE 754形式**です。また、表現できる数の範囲と精度の違いで、**単精度浮動小数点数**と**倍精度浮動小数点数**があります。コンピュータ内部でのこれらの表現方法を説明します。

　本章はやや難しい内容ですが、最低限、概要だけは理解するようにして下さい。

本章の重要語句

　(1) 浮動小数点数　　(2) 仮数　　　(3) 底　　(4) 基数　　(5) 指数

　(6) 単精度浮動小数点数　　　　　　(7) 倍精度浮動小数点数

　(8) 正規化表現　　(9) IEEE 754形式　(10) オーバーフロー（桁あふれ）

　(11) 表現誤差　　(12) 有効桁数

本章で理解すべき事項

　(1) 浮動小数点数の意味　　　　　　(2) 浮動小数点数の表現方法

　(3) 浮動小数点数の表現範囲

　(4) 単精度浮動小数点数と倍精度浮動小数点数の違い

　(5) 浮動小数点数の有効桁数

8.1　浮動小数点数と正規化表現

実数 a は、次式のように変形し、**浮動小数点数**として扱います。

$$a = m \times B^e \tag{8-1}$$

ただし、m : 仮数 (mantissa)

　　　　B : 底または基数 (base または radix)

　　　　e : 指数 (exponent)

　B = 10なら10進数であり、B = 16なら16進数、B = 2なら2進数になります。本書では、mには＋－の**符号**も含まれているものとします。

　浮動小数点数は、実数をコンピュータで近似的に表現するための2進数（B = 2とした
もの）に基づいた表現形式です。実数には整数のように小数点以下の数値が存在しない
数も含まれますし、円周率のように小数点以下が無限の桁数になるものもあります。そ
こで、有限のビット数を使用してコンピュータで実数を効率的に扱うために開発された
のが浮動小数点数です。

　浮動小数点数は、整数部分と小数部分を**指数部**と**仮数部**に分け、指数部の値で小数点
の位置を調整することによって構成されます。

　コンピュータで浮動小数点数を表現する場合、まず、基数Bを決めます。このときB
は一定ですので、仮数mと指数eのみを記憶すればよいことになります。仮数の＋－の
符号と、仮数と指数の合計で32ビット使って表現した実数を**単精度浮動小数点数**、64ビ
ット使って表現した実数を**倍精度浮動小数点数**と呼びます。

　2進数で表現された浮動小数点数を説明する前に、10進数の実数の表現方法を考えま
す。実数を式(8-1)で表現した場合、何通りもの表現方法があります。

　【例題 8-1】 $(98765.43)_{10}$ を式(8-1)の表現形式を使って、3通り表現して下さい。

解答例
$$98765.43 = 0.9876543 \times 10^5 \quad \cdots\cdots\cdots \quad \text{正規化表現}$$
$$= 9876.543 \times 10^1$$
$$= 9876543.0 \times 10^{-2}$$

　[例題8-1]の[解答例]で明らかなように、小数点の位置の移動量に対応して、指数部
の値を変えれば、同じ数を多数の異なる表現形式で表せます。このように、実数は小数
点の位置を移動できるので、**浮動小数点数**とも呼ばれます。コンピュータで浮動小数点
数を表現するときは**正規化表現**と呼ばれるものを使います。正規化表現とは整数部が0
で、小数部の最初が0以外の数になる表現です。正規化表現を使うと約束すれば、表現
方法は一通りに定まります。

8.2　IEEE 754形式による浮動小数点数の表現：単精度浮動小数点数

　パソコン、スマートフォン、タブレット、ワークステーションなど現在のほぼすべて
の情報機器は、**IEEE**(Institute of Electrical and Electronics Engineers：アメリカ電気電子
技術者協会、アイ・トリプル・イーと読みます)において規格化されている、B＝2であ
るIEEE 754形式を採用しています。この形式において**単精度浮動小数点数**の場合、符号
ビットが1ビット、**指数部が8ビット、仮数部が23ビット**になっており、全体で32ビット
（4バイト）になっています。このため、binary32と表現されています。また、正規化

表現は、**仮数の整数部が1**になるように決めて、この1は記憶しません（隠れビットと呼びます）。

　指数部は8ビットなので$2^8 = 256$、すなわち256通りの指数を表現できます。指数には正の指数と負の指数があるので、$-127 \sim +128$まで表現できるように、**指数部には127を加えます**。

【例題 8-2】　$(-27)_{10}$を IEEE 754 形式で表現して、2 進数と 16 進数の両方で書いて下さい。

解答例

　IEEE 754形式はB = 2なので、$(-27)_{10}$の絶対値$(27)_{10}$を2進数に変換し、正規化します。

$$(27)_{10} = (0001\ 1011)_2 = (1.1011)_2 \times 2^4 \tag{8-2}$$

仮数部は$(1.1011)_2$ですが、整数部の1を省略すると、$(1011)_2$になります。
指数部は$(4)_{10}$と求まりました。127を加えて、8ビットの2進数で表現します。

$$(4)_{10} + (127)_{10} = (131)_{10} = (1000\ 0011)_2 = (100\ 0001\ 1)_2 \cdots\cdots\cdots 指数部$$

$(-27)_{10}$は負数なので、仮数部の符号はマイナスになり、先頭ビットを1にします。
以上をまとめると、次のようになります（図8.1参照）。

$$(-27)_{10} \Rightarrow (1100\ 0001\ 1|101\ 1000\ 0000\ 0000\ 0000\ 0000)_2 = (C1D8\ 0000)_{16}$$

　　　　　　　　　▲指数部　　　　　　仮数部
　　　　　　　　　（8 ビット）|　　　（23 ビット）　　▲

　符号ビットを先頭に付ける　　仮数部が 23 ビットになるように最後に 0 を 19 個追加する

図8.1　$(-27)_{10}$の浮動小数点数の内部表現（IEEE754形式、単精度浮動小数点数）

単精度浮動小数点数は、一般には次のように表現できます。

（1）1ビットの符号ビットを $S = \{0,\ 1\}$ で表すと、符号を $(-1)^S$ のように表します。

（2）8ビットの指数部全体を E で表すと、指数部は 2^{E-127} で表現します。したがって、E を求めるときには、式(8-2)における指数の4に対して127を加える必要があることになります。すなわち、$E - 127 = 4$ を満たす E を求めるのと同じですので、4に対して127を加えるということになります。

（3）23ビットの仮数部に関して、仮数部の左から順番にそれぞれのビットを $f_1,\ f_2,\ \cdots,$ $f_{23} \in \{0,\ 1\}$ で表します。このとき、隠れビット（仮数部の整数部は必ず1にして正規化し、小数点以下の数値のみ考える）も考慮すると、仮数部は次のように表すことができます。

$$1 + \sum_{i=1}^{23} \frac{f_i}{2^i}$$

（4）以上をまとめると、単精度浮動小数点数は全体で次のように表すことができます。

$$(-1)^S \times \left(1 + \sum_{i=1}^{23} \frac{f_i}{2^i}\right) \times 2^{E-127}$$

8.3 倍精度浮動小数点数

前節では単精度浮動小数点数について説明しました。この節では、**倍精度浮動小数点数**(binary64)について説明します。単精度浮動小数点数は32ビット（4バイト）を用いて1つの実数を表現しますが、倍精度浮動小数点数は2倍の64ビット（8バイト）を用いて1つの実数を表現します。増えたビットの指数部と仮数部への割付け方は表8.1の通りです。

表8.1 浮動小数点数の指数部と仮数部のビット数

浮動小数点数	ビット数			
	符 号	指数部	仮数部	合 計
単精度浮動小数点数	1	8	23	32
倍精度浮動小数点数	1	11	52	64

8.5節の［例題8-3］で説明しますが、単精度浮動小数点数では 10^{38} 位の数までしか表現できません。しかし、倍精度浮動小数点数では 10^{308} 位の大きな数を扱えます。大きな数を扱いたいときは倍精度の実数を使います。

倍精度浮動小数点数における仮数部のビット数は、単精度浮動小数点数の2倍を超えており、その分**有効桁数**も2倍以上になります。8.6節の［例題8-4］で説明しますが、単精度浮動小数点数は10進数でおよそ**7桁の有効桁数**しかありません。安価な電卓でも表示桁数は10桁あり、10桁の精度で計算できます。コンピュータでは複雑な計算を何回も

計算するので、1回あたりの数値誤差(numerical error)が小さくても最終的な誤差は累積されて大きくなることがあります。複雑な計算をするときは、7桁の有効桁数では数値誤差が大きくなってしまいます。そのようなときは倍精度浮動小数点数を使います。**倍精度浮動小数点数はおよそ16桁の有効桁数**があります。

8.4 半精度浮動小数点数

　IEEE 754形式における単精度浮動小数点数と倍精度浮動小数点数の概要は上述の通りですが、半精度浮動小数点数(binary16)というのもあります。符号ビットは単精度浮動小数点数と倍精度浮動小数点数と同じく1ビットですが、指数部は5ビット、仮数部は10ビット、全体で16ビット（2バイト）の大きさで、単精度浮動小数点数の半分の大きさになっています。

　半精度浮動小数点数ではデータをコンパクトに表現できるため、GPU (Graphics Processing Unit、リアルタイム画像処理に特化した演算装置) などの高性能コンピュータグラフィックスで広く利用されています。また、深層学習などAIに関連した機械学習には大量のデータとパラメータが扱われるためメモリの効率性と計算速度が重要になっていますが、半精度浮動小数点数を使用すると学習と推論に要する時間が短縮できます。

8.5 表現できる数の最大値

　表現できる数の最大値は指数部で決まります。この最大値以上の数値はコンピュータで表現できません。演算結果が最大値を超えることを**オーバーフロー**（overflow、**桁あふれ**）といいます。たとえば、2つの実数の積が表現できる最大値以上になると、多くのコンピュータではエラーメッセージを表示したり、システム停止したりします。

【例題8-3】　IEEE 754形式の単精度浮動小数点数で、表現できる数の最大値はおよそいくらになるかを求めて下さい。

解答例

　指数部は8ビットであり、127を加えているので指数の範囲は-127 ～ +128になり、指数部の最大値は128になります。IEEE 754形式では2進数で表現しているので、$2^{128} \fallingdotseq 3.4 \times 10^{38}$ となります。よって、表現できる数の最大値はおよそ3.4×10^{38}になります。

8.6 有効桁数

　整数は、オーバーフローが起こらない限り、コンピュータ内部で正確に表現されています。しかし、**無限小数**を有限の桁数で表現するときには、表現誤差が必ず発生します。たとえば、$(0.1)_{10}$を2進数で表現すると［例題4-5］で説明したように無限小数になります。倍精度浮動小数点数であっても仮数部に割り当てられたビット数は有限なので、無限小数を表現できません。有限の桁数で四捨五入するか、切り捨てて表現することになります。このように、コンピュータ内部では有限の桁数で実数を表現しているので、実数の表現には一般的に表現誤差を伴います。IEEE 754形式における**表現誤差の大きさは、仮数部のビット数**で決まります。また、数値を表現するときの信頼性や精度を示す指標として有効桁数があります。

【例題8-4】　IEEE 754形式の単精度浮動小数点数の有効桁数は、およそいくらになるかを求めて下さい。

解答例

　仮数部は23ビット（2進数で23桁）ですが、隠れビットがあるので実質的には24ビットです。IEEE 754形式は2進数で表現しているので、$2^{24} \fallingdotseq 1.7 \times 10^7$となります。よってIEEE 754形式の場合、有効桁数は10進数でおよそ7.2桁になります。

　倍精度浮動小数点数で表現できる数の最大値と有効桁数 も同様にして求めることができます（［応用問題］参照）。これらの結果をまとめると、表8.2のようになります。

表8.2　実数の表現形式と表現できる数の最大値・有効桁数

浮動小数点数	表現できる数の最大値	有効桁数
単精度浮動小数点数	約10^{38}	10進数で約7桁
倍精度浮動小数点数	約10^{308}	10進数で約16桁

本章の要点

1．浮動小数点数は m × B^e の形式で表現し、mを仮数、eを指数、Bを基数と呼びます。

2．浮動小数点数の表現方法には、B＝2とするIEEE 754形式があります。

3．表現できる数の最大値は指数部のビット数で、有効桁数は仮数部のビット数で決まります。

4．32ビットで表現される実数を単精度浮動小数点数と呼び、10進数で約7桁の精度があります。

5．高い計算精度が必要な場合は、10進数で約16桁の精度がある倍精度浮動小数点数を使います。

6．コンピュータグラフィックスや深層学習などAIに関連した機械学習には、半精度浮動小数点数を使ってメモリの効率性と計算速度を向上させたり、学習と推論に要する時間を短縮させたりしています。

7．表現できる最大値以上の数を表現しようとするとオーバーフロー（桁あふれ）が生じ、正しく表現できません。

演習問題

基礎問題

1．次の文章の空欄に入れるべき適切な語句を解答群から選んで下さい。

実数aは、一般に次のように変形し、浮動小数点数として表現できます。

$$a = m \times B^e$$

ここで、mを（　1　）、Bを（　2　）または底、eを（　3　）と呼びます。日常生活ではB = 10とする10進数が使われていますが、コンピュータではB = 2とするIEEE 754形式が用いられています。この形式では、eとmの値を一定のビット数で表現します。eのビット数で表現できる数の（　4　）が決まり、mのビット数で（　5　）が決まります。たとえば、IEEE 754形式の単精度浮動小数点数ではeを8ビット、mの符号以外の部分を23ビット、mの符号を1ビット、合計32ビットで1つの実数を表現します。この場合の有効桁数は10進数で約（　6　）桁です。これに対して、eを11ビット、mの符号以外の部分を52ビット、mの符号を1ビット、合計64ビットで表現する実数を倍精度浮動小数点数と呼んでおり、有効桁数は10進数で約（　7　）桁になります。

解答群　　2、4、7、10、16、20、指数、仮数、基数、最大値、有効桁数、単精度、倍精度

標準問題

1．次の10進数をIEEE 754形式の単精度浮動小数点数で表現して下さい。結果は2進数と16進数の両方で書いて下さい。

a) $(42.875)_{10}$　　　　　　　　b) $(-42.875)_{10}$

応用問題

1．IEEE 754形式の倍精度浮動小数点数の場合、表現できる数の最大値はおよそいくらになるかを求めて下さい。途中の計算も書いて下さい。

2．IEEE 754形式の倍精度浮動小数点数の場合、有効桁数はおよそいくらになるかを求めて下さい。途中の計算式も書いて下さい。

第 9 章 論理回路

　今までの章でコンピュータ内部での情報(数や文字)の表現方法を説明しました。これらの情報がコンピュータで、どのように処理されているかを以下の章で説明します。

　コンピュータの内部ではいろいろな情報処理が行われており、種々の処理を行うデジタル回路(digital circuit)があります。これらのデジタル回路は0と1を扱っており、**論理回路**(logical circuit)とも呼ばれています。コンピュータは**ソフトウェア**(software)と**ハードウェア**(hardware)で構成されていますが、ハードウェアを理解するには論理回路を理解する必要があります。本章では論理回路の初歩的な事項について説明します。

　論理回路の基本となるのが、AND回路・OR回路・NOT回路であり、これらの基本論理回路を組合わせて、**加算回路**や制御回路、さらにコンピュータが作られることになります。2進数の足し算を行う加算回路については次章で説明します。

本章の重要語句

(1) 論理回路　　(2) 真　　(3) 偽　　(4) 論理和回路　　(5) OR回路

(6) 論理積回路　(7) AND回路　　(8) 論理否定回路　　(9) NOT回路

(10) 論理式　　(11) 論理演算子　　(12) 排他的論理和回路　　(13) XOR回路

(14) NAND回路　(15) NOR回路　　(16) 真理値表　　(17) ベン図

(18) ド・モルガンの定理

本章で理解すべき事項

(1) 基本論理回路の名称、回路記号、真理値表とその意味

(2) 真理値表およびベン図を使った論式式の証明　　(3) ド・モルガンの定理

(4) ビットごとの論理演算

9.1 論理回路と回路記号

論理回路とは1と0を扱う回路です。1と0を**真**と**偽**あるいは**T**(True)と**F**(False)で表現することもあります。[例題1-2]で説明したように、実際の論理回路では1と0は、ある電気的な状態に対応しています。たとえば、電流が流れている状態と流れていない状態、あるいは、電圧が5Vと0Vの状態を1と0に対応させます。

回路にはある信号(signal)が**入力**(input)され、回路内で信号処理を行い、処理された信号を**出力**(output)します。この処理の種類に応じて多くの論理回路がありますが、すべての論理回路は次の3種類の**基本論理回路**で構成できます。ここで、入力信号をXとYで、出力信号をZで表すことにします。

a) 論理和回路 (OR回路)： $Z = X + Y$

2入力1出力の論理回路です。ORとは「または」という意味であり、2つの入力のうち少なくとも1つが真なら真を出力し、その他の時は偽を出力する回路です。言い換えれば、2入力とも偽なら偽を出力し、その他の時は真を出力する回路です。

b) 論理積回路 (AND回路)： $Z = X \cdot Y$

2入力1出力の論理回路です。ANDとは「かつ」という意味であり、2入力とも真なら真を出力し、その他の時は偽を出力する回路です。言い換えれば、2つの入力のうち少なくとも1つが偽なら偽を出力し、その他の時は真を出力する回路です。

c) 論理否定回路 (NOT回路)： $Z = \overline{X}$

1入力1出力の論理回路です。NOTとは「〜でない」という意味であり、真が入力されたら偽を、偽が入力されたら真を出力する回路です。言い換えれば、入力の真と偽を反転させる回路です。

ここで、$Z = X + Y$や$Z = X \cdot Y$を**論理式**(logical expression)といいます。論理式に使われている＋や・を**論理演算子**(logical operator)と呼び、各々XとYの論理和と論理積を表しています。Xの論理否定は論理変数(logical variable) Xの上に横棒を引いて$\overline{X}$と表します。

これらの基本論理回路の他に、次の論理回路もよく使われます。

d) 排他的論理和回路 (XOR回路、あるいはEOR回路、またはEX-OR回路)： $Z = X \oplus Y$

2入力1出力の論理回路です。排他的(exclusive)とは他を排除するという意味であり、2つの入力がともに真かともに偽の時は偽を出力し、2つの入力の一方が真で他方が偽の時は真を出力する回路です。なお、$\oplus$は排他的論理和を表す論理演算子です。

e) NAND回路：AND回路とNOT回路を結合した回路で、出力がAND回路の否定になる回路です。

f) NOR回路：OR回路とNOT回路を結合した回路で、出力がOR回路の否定になる回路です。

これらの回路は、普通 図9.1に示す**MIL記号**(MILitary Standard Specification：アメリカ軍用規格)で表現されます。回路図では普通左側を入力端子、右側を出力端子にします。AND回路とOR回路の回路記号は左側が直線か曲線(円弧)か、右側が丸いか、とがっているかが異なります。XOR回路はOR回路の左側にさらに曲線が追加されています。NOT回路、NAND回路、NOR回路には右側に否定を表す小さい○があります。これらの回路は具体的には**トランジスタ**(transistor)や**ダイオード**(diode)などで構成されていますが、その詳細については、ここでは触れません。

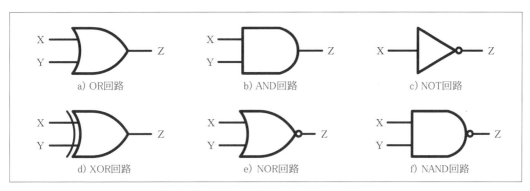

図9.1 論理回路の回路記号(MIL記号) 【重要】

9.2 真理値表

論理回路の入出力信号の状態を表すのに、表9.1に示す**真理値表**(truth table)がよく使われます。この表は論理回路にどのような信号が入力された時、どのような信号が出力されるのかを表しています。たとえば表9.1の a)のOR回路の場合、1行目はXに0、Yに0の信号が入力されるとZに0の信号が出力されることを、2行目はXに0、Yに1の信号が入力されるとZに1の信号が出力されることを表しています。なお、1は真を、0は偽を表しています。

真理値表は「すべて」の入力の組合わせに対する出力の値を表しています。たとえば、図9.1の c)のNOT回路は1入力なので、0か1の2種類の入力しか存在せず、2行になっています。また、図9.1の a)のOR回路や b)のAND回路は2入力なので、入力の組合わせは$2^2 = 4$組存在します。それゆえ、表9.1の a)や b)は4行になります。次章で説明する全加算回路は3入力なので、$2^3 = 8$組の入力が存在し、次章の表10.3に示すように真理値表は8行になります。

表9.1 **真理値表** 【重要】

a) 論理和回路 (OR回路) $Z=X+Y$			b) 論理積回路 (AND回路) $Z=X\cdot Y$			c) 論理否定回路 (NOT回路) $Z=\overline{X}$	
X	Y	Z	X	Y	Z	X	Z
0	0	0	0	0	0	0	1
0	1	1	0	1	0	1	0
1	0	1	1	0	0		
1	1	1	1	1	1		

d) 排他的論理和回路 (XOR回路) $Z=X\oplus Y$			e) NOR回路 $Z=\overline{X+Y}$			f) NAND回路 $Z=\overline{X\cdot Y}$		
X	Y	Z	X	Y	Z	X	Y	Z
0	0	0	0	0	1	0	0	1
0	1	1	0	1	0	0	1	1
1	0	1	1	0	0	1	0	1
1	1	0	1	1	0	1	1	0

9.3 ベン図

ベン図（Venn diagram）とは集合の要素の集まりを図で表したもので、イギリスのJohn Venn氏が考案しました。

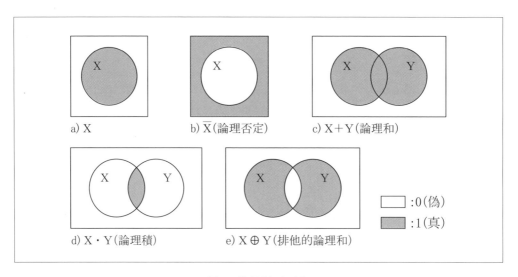

図9.2 **論理式とベン図**

　ベン図では長方形の内部に集合のすべての要素があると考えます。図9.2の a) の場合、青色の円の内部はXの要素が真で、円の外の白い部分はXの要素が偽であることを

表しています。Xの否定は真と偽がXと逆になり、図9.2のb)に示すようになります。XとYとの論理和、論理積、排他的論理和のベン図を各々図9.2のc)、d)、e)に示します。ベン図は目で見て直感的に理解できるので、便利です。

9.4 論理式と証明

9.1節で「3つの基本論理回路ですべての論理回路を構成できる」と説明しました。たとえば、XOR回路もOR回路、AND回路、NOT回路で構成できます。論理式で書くと次のようになります。

$$X \oplus Y = \overline{X} \cdot Y + X \cdot \overline{Y} \tag{9.1}$$

論理式はいろいろな方法で証明することができます。ここでは、式(9.1)が正しいことを表9.2の真理値表を使って、証明します。この表9.2は次のようにして作ります。

表9.2 真理値表を使った式(9.1)の証明

X	Y	$\overline{X}$	$\overline{X} \cdot Y$	$\overline{Y}$	$X \cdot \overline{Y}$	右辺 $\overline{X} \cdot Y + X \cdot \overline{Y}$	左辺 $X \oplus Y$
0	0	1	0	1	0	0	0
0	1	1	1	0	0	1	1
1	0	0	0	1	1	1	1
1	1	0	0	0	0	0	0

等しい

1) 式(9.1)の論理変数に対応して左側にXとYを書きます。論理変数はXとYの2個で、$2^2 = 4$なので、4行の表を作ります。

2) 式(9.1)の右辺を計算するために第1項$\overline{X} \cdot Y$と第2項$X \cdot \overline{Y}$を次の手順で求め、右辺の値を求めます。
   a) 第1項$\overline{X} \cdot Y$を求めるために、まず、$\overline{X}$を求めます。$\overline{X}$はXの0と1を逆にすれば求まります。
   b) $\overline{X}$とYの論理積から第1項$\overline{X} \cdot Y$を求めます。
   c) 同様に、$\overline{Y}$を求め、第2項$X \cdot \overline{Y}$を求めます。
   d) 上記b)とc)の和を求め、右辺$\overline{X} \cdot Y + X \cdot \overline{Y}$を求めます。

3) 左辺$X \oplus Y$の真と偽は定義により決まっており、すぐ求まります。

4) 左辺と右辺を比べ、4行とも等しいことを確認します。

以上により、XとYのすべての組合せに対して、式(9.1)が成立することが証明されました。

　図9.3に示すように、ベン図を使っても論理式(9.1)を証明できます。図9.3の a)に X の否定を描きます。X の否定と Y の積を求め、これを b)に描きます。これが式(9.1)の右辺の第1項になります。同様に c)に Y の否定を描き、Y の否定と X の積を求め、d)に描きます。これが式(9.1)の右辺の第2項になります。b)と d)の和を求めると、e)になります。これが式(9.1)の右辺になります。左辺は定義より f)になり、右辺 e)と左辺 f)が等しいことが図9.3の e)と f)より確認できます。このように、ベン図を描くことで論理式を証明できます。

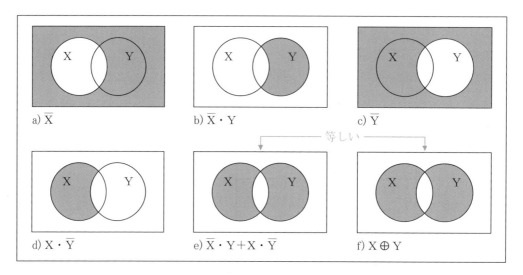

図9.3　ベン図を使った式(9.1)の証明

9.5　ド・モルガンの定理

　次の2つの式を**ド・モルガン**(de Morgan)**の定理**と呼び、重要な論理式の1つです。

$$\overline{X + Y} = \overline{X} \cdot \overline{Y} \tag{9.2}$$
$$\overline{X \cdot Y} = \overline{X} + \overline{Y} \tag{9.3}$$

　式(9.2)は、X と Y の和の否定は X の否定と Y の否定の積になることを、式(9.3)は X と Y の積の否定は X の否定と Y の否定の和になることを表しています。すなわち、X と Y の NOR は X の否定と Y の否定の積で、X と Y の NAND は X の否定と Y の否定の和で表せます。

9.6 ビットごとの論理演算

　ビットごとの**論理演算**について説明します。0と1あるいは0と0の論理積（AND）は0になります。すなわち、任意のビットをXとすると、0とXとの論理積は必ず0になります。同様に1とXとの論理和（OR）は必ず1になります。また、1とXとの論理積はX、0とXとの論理和はXです。この関係を下に示します。

論理公式
$1 \cdot X = X$
$0 \cdot X = 0$
$1 + X = 1$
$0 + X = X$

【例題9-1】　$A = (1100)_2$ と $B = (0101)_2$ とのビットごとの論理積（AND）と論理和（OR）を求めて下さい。

解答例

$$
\begin{array}{rcl}
 & 1100 & = A \\
\text{AND} & 0101 & = B \\
\hline
 & 0100 & = A \cdot B
\end{array}
\qquad
\begin{array}{rcl}
 & 1100 & = A \\
\text{OR} & 0101 & = B \\
\hline
 & 1101 & = A + B
\end{array}
$$

　よって、AとBとのビットごとの論理積は $(0100)_2$ に、ビットごとの論理和は $(1101)_2$ になる。

【例題9-2】　8ビット（16進2桁）のデータを次のように変換する論理演算を求めて下さい。
　　a) 最上位ビットを0にし、その他のビットは変化させない。
　　b) 上位4ビットを全部1にし、その他のビットは変化させない。

解答例

a) 任意のビットと0との論理積は0になり、1との論理積は不変なので、$(0111\ 1111)_2 = (7F)_{16}$ との論理積をとれば良い。

b) 任意のビットと1との論理和は1になり、0との論理和は不変なので、$(1111\ 0000)_2 = (F0)_{16}$ との論理和をとれば良い。

本章の要点

1．論理回路とは真と偽を扱う回路で、コンピュータは論理回路で構成されています。
2．OR回路、AND回路、NOT回路、XOR回路、NAND回路、NOR回路などが基本的な論理回路です。
3．論理回路の入力と出力は真理値表を使って表現することができます。
4．論理式は真理値表やベン図を使って証明することができます。

演習問題

基礎問題

1．次の文章の空欄に入れるべき適切な語句を解答群から選んで下さい。

OR回路は（　　1　　）とも呼ばれます。ORとは（　　2　　）という意味であり、2つの入力のうち少なくとも1つが真なら（　　3　　）を出力し、その他の時は（　　4　　）を出力する回路です。言い換えれば、2入力とも偽なら（　　5　　）を出力し、その他の時は（　　6　　）を出力する回路です。

解答群　　論理和回路、論理積回路、論理否定回路、排他的論理和回路、または、
　　　　　かつ、～でない、排他的、真、偽

2．次の文章の空欄に入れるべき適切な語句を解答群から選んで下さい。

AND回路は（　　1　　）とも呼ばれます。ANDとは（　　2　　）という意味であり、2入力とも真なら（　　3　　）を出力し、その他の時は（　　4　　）を出力する回路です。言い換えれば、2つの入力のうち少なくとも1つが偽なら（　　5　　）を出力し、その他の時は（　　6　　）を出力する回路です。

解答群　　論理和回路、論理積回路、論理否定回路、排他的論理和回路、または、
　　　　　かつ、～でない、排他的、真、偽

3．次の文章の空欄に入れるべき適切な語句を解答群から選んで下さい。

NOT回路は（　　1　　）とも呼ばれます。NOTとは（　　2　　）という意味であり、真が入力されたら（　　3　　）を、偽が入力されたら（　　4　　）を出力する回路です。言い換えれば、入力の真と偽を（　　5　　）させる回路です。

解答群　論理和回路、論理積回路、論理否定回路、排他的論理和回路、または、
かつ、～でない、排他的、真、偽、反転、一致、回転

4．次の文章の空欄に入れるべき適切な語句を解答群から選んで下さい。

XOR回路は(　1　)とも呼ばれます。exclusiveとは(　2　)という意味であり、2つの入力がともに真かともに偽の時は(　3　)を出力し、2つの入力の一方が真で他方が偽の時は(　4　)を出力する回路です。

解答群　論理和回路、論理積回路、論理否定回路、排他的論理和回路、または、
かつ、～でない、排他的、真、偽

5．次の文章の空欄に入れるべき適切な語句を解答群から選んで下さい。

NAND回路は(　1　)回路とNOT回路を結合した回路で、出力が(　2　)回路の否定になる回路です。NOR回路は(　3　)回路とNOT回路を結合した回路で、出力が(　4　)回路の否定になる回路です。

解答群　AND、OR、AND、OR、NOT、XOR

標準問題　【重要】　全部、完全に暗記して下さい。

1．OR回路、AND回路、NOT回路、XOR回路、NAND回路、NOR回路のMIL記号(回路記号)を書いて下さい。

2．OR回路、AND回路、NOT回路、XOR回路、NAND回路、NOR回路の論理式を書いて下さい。ただし、入力の論理変数にはXとYを、出力の論理変数にはZを使用して下さい。

3．OR回路、AND回路、NOT回路、XOR回路、NAND回路、NOR回路の真理値表を書いて下さい。ただし、入力の論理変数にはXとYを、出力の論理変数にはZを使用して下さい。

4．ド・モルガンの定理の論理式を2つ書いて下さい。

応用問題

1．ド・モルガンの定理の式(9.2)と式(9.3)を真理値表を使って証明して下さい。

2．ド・モルガンの定理の式(9.2)と式(9.3)をベン図を使って証明して下さい。

3．8ビットの数Xを次のように変換できる論理演算を解答群から選んで下さい。

 a) Xの最上位ビットを1にし、その他のビットを変化させない。

 b) Xの上位4ビットを全部0にし、その他のビットを変化させない。

 c) Xのビットを全部反転させる。

解答群

 1) $(7F)_{16}$とのANDをとる 2) $(7F)_{16}$とのORをとる 3) $(0F)_{16}$とのANDをとる

 4) $(0F)_{16}$とのORをとる 5) $(FF)_{16}$とのXORをとる 6) $(00)_{16}$とのXORをとる

 7) $(80)_{16}$とのANDをとる 8) $(80)_{16}$とのORをとる

4．次の論理式に対応するベン図を描いて下さい。

 a) $A \cdot B + B \cdot C$ b) $A \cdot B + \overline{B \cdot C}$

 c) $A \cdot (B + C)$ d) $A \cdot \overline{(B + C)}$

5．次の論理式に対応する回路図を描いて下さい。

 a) $A \cdot B + B \cdot C$ b) $A \cdot B + \overline{B \cdot C}$

 c) $A \cdot (B + C)$ d) $A \cdot \overline{(B + C)}$

第**10**章 加算回路とフリップフロップ回路

前章で基本論理回路の説明をしました。これらの**論理回路**を使って、より複雑な論理回路を作ることができます。たとえば、コンピュータの内部には、足し算を行う**加算回路**などの演算回路、キーボードから入力した文字を2進数に変換する**エンコーダ**、2進数を文字などに変換する**デコーダ**、情報を一時記憶しておく**レジスタ**、繰り返し回数などの数値を数える**カウンタ**など多くの回路があります。これらの回路も基本論理回路を基にして作成されます。

この章では演算回路の例として、2進数の加算を行う加算回路と、記憶回路の基本となる**フリップフロップ回路**などについて説明します。

本章の重要語句

(1) 組合せ回路 (2) 加算回路 (3) 符号器 (4) エンコーダ (5) 解読器
(6) デコーダ (7) 順序回路 (8) レジスタ (9) カウンタ
(10) フリップフロップ回路 (11) 半加算回路 (12) 全加算回路
(13) 桁上がり (14) RS-フリップフロップ回路 (15) セット (16) リセット

本章で理解すべき事項

(1) 組合せ回路と順序回路の違い (2) 加算回路の原理
(3) フリップフロップ回路の原理

10.1 組合せ回路と順序回路

前章で説明した基本論理回路を使って、より複雑な論理回路を作ることができます。このような回路は、表10.1に示すように組合せ回路と順序回路に分類できます。

組合せ回路(combinational circuit)は、基本論理回路の組合せで作られる回路で、現在の入力信号により出力信号が決まる回路です。言い換えれば、過去にどのような信号が入力されたかに出力が依存しない回路です。組合せ回路には、**加算回路、符号器（エンコーダ**：encoder)、**解読器（デコーダ**：decoder)などがあります。10.2節から10.4節で2進数の足し算を行う**加算回路**について説明します。

順序回路(sequential logic circuit)も基本論理回路の組合せで作られる回路ですが、現

在の入力信号のみでなく、過去の入力信号にも出力信号が依存する回路です。言い換えれば、過去の状態を記憶できる回路です。順序回路には、**置数器（レジスタ：register）**や**計数器（カウンタ：counter）**などがあります。10.5節では順序回路の基本となる**フリップフロップ回路**（FF：flipflop circuit）について説明します。

表10.1　組合せ回路と順序回路

	組合せ回路	順序回路
出力を決める要因	現在の入力	現在と過去の入力
回路の例	加算器 エンコーダ デコーダ	フリップフロップ回路 レジスタ カウンタ

10.2　半加算回路

　加算回路には1ビットの2進数の加算を行う**半加算回路**（HA：Half Adder circuit）と**全加算回路**（FA：Full Adder circuit）があります。桁上がりも含めた完全な加算回路が全加算回路です。整数が32ビットで表現されているなら、2つの整数の加算には32個の全加算回路が必要になります。本節で半加算回路、次節で全加算回路について説明します。

　1桁の2進数XとYの足し算について考えてみます。XとYの組合せは図10.1に示すa)からd)の4通りあります。a)の「1+1=10」の場合は、加算結果が2桁になり、**桁上がり**（C：carry）が生じます。この場合、考えている桁での加算値（S：sum）と上位桁への桁上がり（C）が出力として必要になります。この計算を実行する加算回路はXとYの2入力、SとCの2出力になります。

```
一般式    a) 1+1    b) 1+0    c) 0+1    d) 0+0      X：演算数
  X         1         1         0         0        Y：被演算数
+ Y       + 1       + 0       + 1       + 0        C：上位桁への桁上がり
 CS        10        01        01        00        S：考えている桁での加算値
```

図10.1　2進数1桁の加算（下位桁からの桁上がりを無視した場合）

　図10.1では下位桁からの桁上がりを考えていません。このように、上位桁への桁上がりは考えるが、下位桁からの桁上がりを考えない回路を**半加算回路**と呼びます。

　半加算回路の真理値表を表10.2に示します。図10.1の4種類の加算に対応して、真理値表は4行になります。各行のCとSの値は2進数の加算の意味から表10.2のように求まります。この表から、CはXとYの論理積に、SはXとYの排他的論理和になることがわかります。このことから、半加算回路は図10.2に示すように1個のAND回路と1個の

XOR回路で構成できます。図10.2の破線内が半加算回路で、 XとYが入力で、 SとCが
出力です。なお、図中の●は信号が枝分かれすることを表しています。

表10.2 半加算回路の
真理値表

入	力	出	力
X	Y	C	S
0	0	0	0
0	1	0	1
1	0	0	1
1	1	1	0

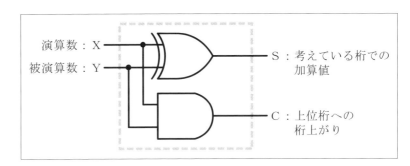

図10.2 半加算回路

10.3 全加算回路

半加算回路は下位桁からの桁上がりを考えていません。図10.3に示すように、2進数
のX＋Y＝(11)₂＋(11)₂を計算する時は、下位桁からの桁上がりAも考慮する必要があ
ります。下位桁からの桁上がりも考えた回路が**全加算回路**です。下位桁からの桁上がり
も考慮するので、A・X・Yの3入力になり、図10.4に示す8通りの組合せがあります。こ
れに対応して、全加算回路の真理値表は表10.3に示すように8行になります。半加算回
路の場合と同様に、全加算の意味から出力のCとSの値を容易に求めることができま
す。

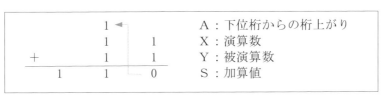

図10.3 2進数の加算と桁上がり

```
    A    1      1        1        1
    X    1      1        0        0
  + Y    1    + 0      + 1      + 0
   CS   11     10       10       01

    A    0      0        0        0
    X    1      1        0        0
  + Y    1    + 0      + 1      + 0
   CS   10     01       01       00
```

A：下位桁からの桁上がり
X：演算数
Y：被演算数
C：上位桁への桁上がり
S：考えている桁での加算値

図 10.4 2 進数 1 桁の加算（下位桁からの桁上がりを考慮した場合）

表10.3　全加算回路の真理値表

入　力			出　力	
A	X	Y	C	S
0	0	0	0	0
0	0	1	0	1
0	1	0	0	1
0	1	1	1	0
1	0	0	0	1
1	0	1	1	0
1	1	0	1	0
1	1	1	1	1

A：下位桁からの桁上がり
X：演算数
Y：被演算数
C：上位桁への桁上がり
S：考えてる桁での加算値

　この全加算回路は図10.5に示すように、半加算回路2個とOR回路1個で構成することができます。図10.5に記載された「半加算回路」の部分は、図10.2の破線内部の半加算回路を意味します。図10.5の破線内部が全加算回路であり、A・X・Yの3個が入力で、S・Cの2個が出力です。この回路で全加算を実行できることは、表10.3の8行のすべてのA・X・Yの場合について、半加算回路とOR回路の入出力をたどりCとSを求めて、確かめることができます。

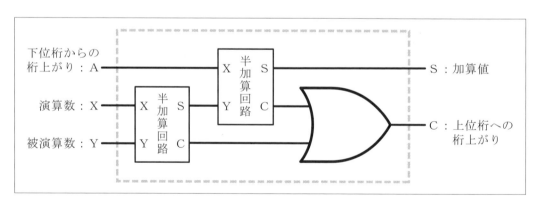

図10.5　全加算回路

10.4　*n*ビットの2進数の加算回路

　前節で説明した全加算回路1個で1ビットの2進数の加算ができます。コンピュータ内部では整数(固定小数点数)は*n*ビットの2進数で表現されています。現実のコンピュータの*n*は16、32、64などの数になっています。

演算数：X			X_3	X_2	X_1	X_0
被演算数：Y	+		Y_3	Y_2	Y_1	Y_0
加算値：S		S_4	S_3	S_2	S_1	S_0

図10.6　4ビットの2進数の加算

　ここでは図10.6に示す4ビットの2進数XとYの加算を考えます。X_0やY_0は2進数の1桁で、1あるいは0を表します。加算値Sは桁上がりがあれば5桁になります。各桁の加算は全加算回路で実現できます。ただし、最下位の桁は下位桁からの桁上がりがないので、半加算回路を使うことができます。以上のことから、4ビットの2進数XとYの加算回路は図10.7のようになります。図10.7の「全加算回路」の部分は図10.5の破線内の全加算回路を意味します。整数を32ビットで表現するコンピュータの場合、整数の加算を実行する回路は、1個の半加算回路と31個の全加算回路で構成されることになります。

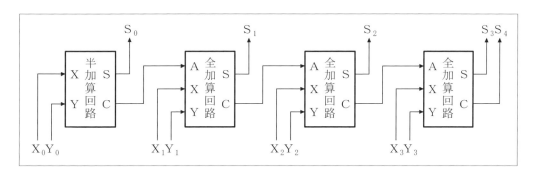

図10.7　4ビットの加算回路

10.5　フリップフロップ回路

　現在の入力だけでなく、過去の入力にも出力が依存する回路が順序回路です。すなわち、**順序回路は記憶装置**として使われます。代表的な順序回路の1つに**フリップフロップ回路**があります。フリップフロップ回路は**双安定回路**とも呼ばれています。

　何種類ものフリップフロップ回路がありますが、ここでは図10.8に示す、2入力、2出力のRS-**フリップフロップ回路**を説明します。この回路は2個のOR回路と2個のNOT回路、すなわち2個のNOR回路からできています。2つの入力端子は各々**セット**(S:set)**端子**、**リセット**(R:reset)**端子**と呼ばれています。NOT回路の出力はもう1つのOR回路の入力になっています。このように、たすきがけになっているのが、この回路の特徴です。RS-フリップフロップ回路の特徴は、常に**出力端子のQと$\overline{Q}$の一方が1で他方が0**になることです。普通、Qと$\overline{Q}$が同時に0、あるいは同時に1になることはありません。ま

た、入力端子SとRを同時に1にすることもありません。

　この回路に図10.9に示す信号が入力された時の時間変化を考えてみます。図10.9の横軸は時間を表しています。

1) 最初にS端子に1、R端子に0の信号が入力されたと考えます。図10.8の上のOR回路にはS端子の1が入力されるので、上のOR回路の出力はもう一方の入力が0であろうと1であろうと1になります。それゆえ、上のNOT回路の出力は0になり、この出力が$\overline{Q}$の出力になるとともに、下のOR回路の入力にもなります。下のOR回路の出力は0で、下のNOT回路の出力は1になります。このことから、出力端子$\overline{Q}$に0が、Qに1が出力されることがわかります。これが図10.9の一番左に示す**セット**(set)**状態**です。

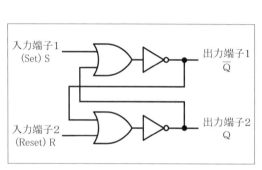

図10.8　RS-フリップフロップ回路（FF回路）

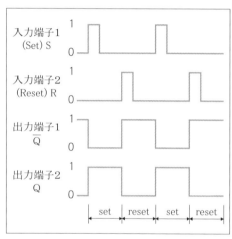

図10.9　RS-FF回路の信号の時間変化例

2) その後、S端子の入力が0に変化したとします。下のNOT回路の出力が上のOR回路の入力になっており、上記1)でこの信号は1になっているので、上のOR回路の出力は1のまま変化ありません。そのため、$\overline{Q}$は0、Qは1のまま変化ありません。すなわち、図10.9のセット状態が続くことになります。

3) 次に、R端子に1の信号が入ると、$\overline{Q}$とQの信号は逆転し、$\overline{Q}$は1、Qは0になります。これが**リセット**(reset)**状態**です。

4) その後、R端子の入力が0になっても、$\overline{Q}$は1、Qは0のまま変化ありません。すなわち、図10.9のリセット状態が続くことになります。

5) さらに、S端子に1の信号が入ると、$\overline{Q}$とQの信号は逆転し、$\overline{Q}$は0、Qは1になります。

　以上の状態をまとめると、表10.4の状態遷移表に示すようになります。すなわち、SとRがともに0の時は以前の状態が維持され、記憶している状態になります。Rに1が入力されるとリセット状態になり、Sに1が入力されるとセット状態になります。これで1と0を書き込むことができます。ただしSとRをともに1にするのは禁止されています。このようにセット状態とリセット状態の2つの安定した状態があるので、双安定回路とも呼ばれます。QとQ̄は常に一方が1で、他方が0になっています。

　フリップフロップ回路は図10.10に示す、シーソーにたとえることができます。シーソーは右側が上になった状態と左側が上になった状態があります。この2つの状態をフリップフロップ回路のセット状態とリセット状態に対応付けることができます。

表10.4　RS-フリップフロップ回路の状態遷移表

入	力	出　　　　　力
S	R	QとQ̄
0	0	以前の状態
0	1	リセット(Q:0、Q̄:1)
1	0	セット　(Q:1、Q̄:0)
1	1	入力禁止

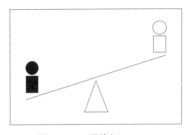

図10.10　FF回路とシーソー

　以上詳細に説明したように、RS-フリップフロップ回路ではセット状態とリセット状態のいずれかの状態になっています。いずれの状態にあるかは、過去にR端子とS端子のどちらに1の信号が入ったかで決まります。すなわち、RS-フリップフロップ回路は過去の状態を記憶していることになり、記憶装置として使えることになります。セットとリセットの2つの状態を2進数の1と0に対応させることができるので、**RS-フリップフロップ回路1個で、2進数1桁を記憶できます**。1個の整数を32ビットで表現するコンピュータの場合、RS-フリップフロップ回路32個で1個の整数を記憶できることになります。

10.6　その他の論理回路

　本章では加算回路とフリップフロップ回路を中心に説明しましたが、コンピュータではその他にも多くの回路が使われています。それらの回路のいくつかを簡単に説明します。これらの回路の役割は第11章と第12章で詳しく説明します。

　加算回路以外の組合せ回路には次のようなものがあります。

（1）エンコーダ（符号器）

　　キーボードから入力された文字は、コンピュータ内部では文字コード(2進数)に変換して記憶されていることを第5章で説明しました。このように、2進数に変換する回路を**エンコーダ**(encoder：**符号器**)と呼びます。

（2）デコーダ（解読器、復号器）

　　エンコーダとは逆に、2進数になっている情報を元に戻す回路を**デコーダ**(decoder：**解読器**、あるいは、**復号器**)と呼びます。コンピュータ内部で処理した結果は2進数で記憶されているので、これを画面に出力するには元の文字に戻す必要があり、その時に、デコーダを使います。

　　また、コンピュータの処理手順を記述したプログラム(命令)もコンピュータ内部では2進数で書かれていますが、そのプログラムを解読して命令を実行するときにもデコーダが必要になります。命令の実行の詳細は第11章で説明します。

　フリップフロップ回路以外の順序回路には次のようなものがあります。

（3）レジスタ（置数器）

　　レジスタ(register)は**置数器**とも呼ばれ、一時記憶装置として使われる記憶装置です。加算回路などの演算結果を一時的に記憶する時などに使われます。

（4）カウンタ（計数器）

　　カウンタ(counter)は数を数える装置で**計数器**とも呼ばれ、レジスタの一種です。コンピュータで同じような処理を何回も繰り返して計算する時の繰り返し回数を記憶したり、次に実行する命令が格納されている番地を記憶したりします。

本章の要点

1．論理回路には組合せ回路と順序回路があり、順序回路は記憶装置として使えます。

2．組合せ回路の1つに加算回路があり、nビットで表現される2進数の加算を行うにはn個の加算回路が必要になります。

3．順序回路の1つにフリップフロップ回路があり、nビットで表現される2進数を記憶するにはn個のフリップフロップ回路が必要になります。

演習問題

基礎問題

1. 次の文章の空欄に入れるべき適切な語句を解答群から選んで下さい。

　　論理回路には現在の入力のみで出力が決まる(　1　)回路と、過去の入力にも出力が依存する(　2　)回路があり、後者の基本は(　3　)回路で(　4　)する機能があります。

　　組合せ回路には2進数の加算を行う(　5　)回路、キーボードから入力された文字などを2進数に変換する(　6　)、逆に2進数で書かれた情報を元の文字に戻す(　7　)などがあります。順序回路には、データを一時記憶する(　8　)、数を数える(　9　)などがあります。

> **解答群**　組合せ、順序、逆、フリップフロップ、加算、エンコーダ、デコーダ、レジスタ、カウンタ、変換、記憶、計算

2. 次の文章の空欄に入れるべき適切な語句を解答群から選んで下さい。

　　加算回路には半加算回路と全加算回路があります。いずれも2進数1桁の加算を行うことができます。(　1　)回路は上位桁への桁上がりを考慮していますが、下位桁からの桁上がりを考慮していません。一方、(　2　)回路は下位桁からの桁上がりも考慮しています。

　　フリップフロップ回路は(　3　)装置として使います。情報を記憶させるにはセット端子あるいはリセット端子に1の信号を入れます。フリップフロップ回路1個で(　4　)ビットの情報を記憶できます。

> **解答群**　加算、減算、乗算、除算、全加算、半加算、制御、記憶、演算、1、2、4、8、16、32

3. 1個の整数を16ビットで表現するコンピュータの場合、2個の整数の加算を行うには何個の半加算回路と全加算回路が必要かを説明して下さい。

4. 1個の整数を16ビットで表現するコンピュータの場合、1個の整数をRS-フリップフロップ回路で記憶するには、何個のRS-フリップフロップ回路が必要かを説明して下さい。

標準問題

1．半加算回路の真理値表を書いて下さい。

2．全加算回路の真理値表を書いて下さい。

3．組合せ回路の具体的な回路名を3種類以上あげて下さい。

4．順序回路の具体的な回路名を3種類以上あげて下さい。

応用問題

1．次の用語と関係の深い英語を解答群から選んで下さい。
　　a）符号器　　　　b）解読器　　　　c）置数器　　　　d）計数器　　　　e）加算回路
　　f）桁上がり

　　解答群　　counter、decoder、encoder、flip-flop、carry、register、adder circuit

2．半加算回路および全加算回路とはどのような加算を行う回路か、半加算回路と全加
　　算回路の違いがわかるように説明して下さい。

第 **11** 章 コンピュータの動作

　前章で加算回路とフリップフロップ回路の説明をしました。コンピュータはたし算などの計算やデータ処理を行っていますが、どのような仕組みでコンピュータは動いているのでしょうか？　この章ではコンピュータの動作の概略を説明します。

　コンピュータは今から80年くらい前に作られました。そして、1946年にフォン・ノイマンが**プログラム内蔵方式**というコンピュータの仕組みを提案しました。この方式のおかげで、プログラムを変更するという非常に簡単な方法で、コンピュータをいろいろな目的に使うことができるようになりました。

　コンピュータの心臓部は**中央処理装置(CPU)**です。CPUを**マイクロプロセッサ**と呼ぶこともあります。この章ではCPUの詳細を説明します。CPUは主記憶装置に格納されたプログラム(命令)を読み出し、その命令に従っていろいろな処理を**逐次実行**します。コンピュータは複雑な処理をしているように見えますが、実は単純な動作を非常に高速に実行しているだけです。本章でその仕組みを理解して下さい。

本章の重要語句

(1) 制御装置　　(2) 演算装置　　(3) 中央処理装置　　(4) CPU

(5) 記憶装置　　(6) 主記憶装置　　(7) メインメモリ　　(8) 補助記憶装置

(9) IC　　(10) 入力装置　　(11) 出力装置　　(12) プログラム内蔵方式

(13) 番地　　(14) アドレス　　(15) 逐次処理　　(16) ノイマン型コンピュータ

(17) レジスタ　　(18) プログラムカウンタ　　(19) 命令レジスタ　　(20) デコーダ

(21) 機械語　　(22) 汎用レジスタ　　(23) アドレスレジスタ

(24) フラグレジスタ

本章で理解すべき事項

(1) コンピュータの五大装置　　　(2) プログラム内蔵方式

(3) コンピュータの動作

11.1　コンピュータの五大装置

　コンピュータには主として図11.1に示す5つの装置があり、これを**コンピュータの五大装置**と呼んでいます。

図11.1　コンピュータの五大装置

　制御装置はコンピュータ内の他の装置を制御する装置です。**演算装置**は演算を行う装置で、前章で説明した加算回路などがあります。演算装置と制御装置をまとめて**中央処理装置**(**CPU**：Central Processing Unit)と呼び、この部分がコンピュータの頭脳にあたります。

　記憶装置は**メモリ**(memory)とも呼ばれ、情報を記憶する装置です。記憶装置にはコンピュータ本体に組み込まれている**主記憶装置**(**メインメモリ**：main memory)とコンピュータ本体から取り外しが可能な**補助記憶装置**があります。最近のコンピュータの主記憶装置は**集積回路**(**IC**：Integrated Circuit)でできています。補助記憶装置には**ハードディスクドライブ**(**HDD**：Hard Disk Drive)、CD、DVD、**USBメモリ**などがあります。

　入力装置は人間がコンピュータに情報を入力する装置で、キーボード(keyboard)やマウスなどがあります。**出力装置**は処理結果を人間に伝える装置で、画面(**ディスプレイ**：display)やプリンター(printer)などがあります。これらをまとめて**入出力装置**と呼びます。補助記憶装置と入出力装置をあわせて**周辺装置**と呼ぶこともあります。

　コンピュータの五大装置の各々の関係を図11.2に示します。入力装置から入力された情報は主記憶装置に記憶されます。当面使用しない情報は補助記憶装置に格納します。コンピュータの頭脳に相当するCPUは、主記憶装置に格納されたプログラムを読み出し、その命令に従って主記憶装置に格納されているデータを読み出し、演算装置を使って演算を実行し、実行結果を主記憶装置に格納します。必要な情報は出力装置に出力します。このような処理の制御は、プログラムに従って制御装置が行います。主記憶装置とCPUとの間にある**キャッシュ**(cache)**メモリ**(**緩衝記憶装置**：**バッファメモリ**：buffer memory)は、主記憶装置とCPUとのデータのやり取りを高速に行うための記憶装置で、第13章で説明します。

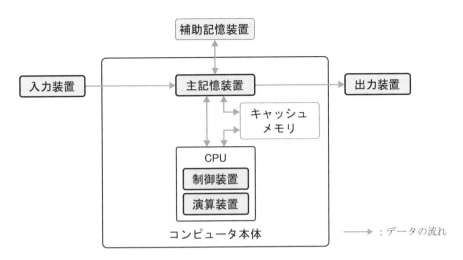

図11.2　コンピュータの五大装置とデータの流れ

11.2　プログラム内蔵方式

　コンピュータはソフトウェア（software）とハードウェア（hardware）で構成されています。ソフトウェアはコンピュータの主記憶装置に記憶され、必要な時に読み出されます。このように、ソフトウェアすなわちプログラムがコンピュータの主記憶装置に記憶されているコンピュータを**プログラム内蔵方式**（stored program：プログラム記憶方式）のコンピュータと呼びます。現在市販されているコンピュータはすべてプログラム内蔵方式のコンピュータです。コンピュータが最初に作られた1946年頃はプログラムを電気回路で実現していました。すなわちプログラムを変更するには回路の配線を変更していたのです。コンピュータに別の仕事をさせるにはプログラムを変更する必要がありますが、そのたびに配線を変更していたので能率が上がりませんでした。**フォン・ノイマン**（von Neumann）が1946年にプログラム内蔵方式を提案したといわれています。

　コンピュータの**主記憶装置**には**データとプログラムの両方**が記憶されています。主記憶装置には**番地**（アドレス：address）がついており、コンピュータは指示されたアドレスから順番にプログラム（命令）を読み出し、その命令に従って処理を行います。このように指定されたアドレスから**順番**に命令を読み出して、順番に命令を実行する方式を**逐次処理方式**と呼びます。現在のコンピュータのほとんどは逐次処理方式のコンピュータです。このように、プログラム内蔵方式で逐次処理方式のコンピュータを**ノイマン型コンピュータ**と呼ぶこともあります。逐次処理方式でなく、複数の命令を並行して処理する**並列処理方式**のコンピュータがありますが、並列処理については本書では詳しくは説明しません。

11.3　CPUとコンピュータの動作

　コンピュータの動作を図11.3を使って簡単に説明します。この図は図11.2のCPUと主記憶装置の部分を拡大して描いたものです。

　図11.3の右側は主記憶装置で、ここにはプログラムとデータが格納されています。この図では記憶装置のアドレスは16ビットで表現され、16進数で $(0000)_{16}$ 番地から $(FFFF)_{16}$ 番地までのアドレスが存在すると仮定しています。左側はCPUで、上部に制御装置、下部に演算装置があります。CPUには多くの**レジスタ** (register) が存在します。レジスタとは一時記憶装置のことで、置数器とも呼ばれています。

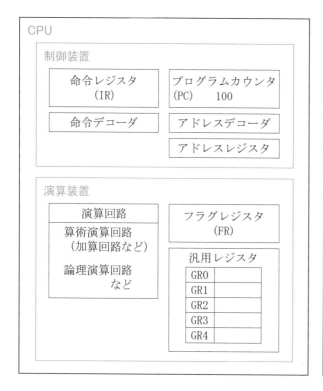
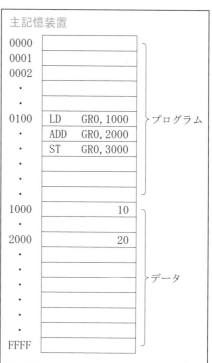

図11.3　CPUの詳細とコンピュータの動作

> コンピュータは、基本的に次の 1)～5)の動作を繰り返して、命令を実行します。
>
> 1) **プログラムカウンタ**(PC：Program Counter)に格納されている値(主記憶装置の番地)を読み出します。
> 2) この番地に記憶されている**命令**(instruction)を主記憶装置から読み出し、**命令レジスタ**(IR：Instruction Register)に格納します。
> 3) **デコーダ**(decoder、**解読器**)を用いて、命令レジスタに格納された命令をデコード（解釈）します。
> 4) 演算回路(ALU：Arithmetic Logic Unit)を用いて、デコードされた命令を実行します。
> 5) プログラムカウンタの値を更新します(通常、次の命令が格納されている番地になります)。

　上記の1)、2)を**命令取り出し段階**(instruction fetch cycle)、3)～5)を**命令実行段階**(instruction execute cycle)と呼びます。5)を命令取り出し段階に含める考え方もあります。上記の5つのステップを少し詳しく説明します。

a) 主記憶装置に記憶されているプログラムは、非常に単純化された命令で構成されており、多数の命令が記憶されています。一番最初に実行する命令が記憶されている番地が、レジスタの一種であるプログラムカウンタに書かれています。そこで、まず最初にプログラムカウンタの値を読みます。図11.3ではプログラムカウンタの値は100になっています。

b) プログラムカウンタの値に従い、主記憶装置の指定された番地に記憶されている命令を読み取り、命令レジスタに格納します。この動作を図11.4に示します。この命令は**機械語**(machine language)で書かれています。機械語とは2進数（0と1）で記述された、コンピュータが理解できる言語です。図11.4では機械語ではなく、「LD GR0, 1000」と**アセンブリ言語**で書いています。アセンブリ言語については次章で説明します。

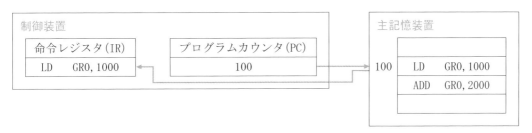

図11.4 主記憶装置からの命令の読み出し

c) 命令は図11.5に示すように、演算の種類を表す**命令部**と、演算の対象となるデータの番地を示す**アドレス部**（番地部）で構成されています。たとえば、図11.5では「LD」が命令部で、「GR0, 1000」がアドレス部です。「LD GR0, 1000」は「主記憶装置の1000番地のデータを、0番目の**汎用レジスタ**（General Register）（GR0）に格納せよ」という命令です。図11.6に示すように、命令部の内容は**命令デコーダ**（instruction decoder）が解釈します。アドレス部の内容は**アドレスデコーダ**が解釈し、演算対象となるデータの番地を求め、この番地を**アドレスレジスタ**に格納します。番地の求め方は次章で説明します。

d) 命令デコーダの解釈により判明した命令を実行するために、該当する演算回路を動かします。演算回路は指示されたアドレスに格納されているデータを使って演算を行い、演算結果をレジスタに格納します。普通、加算や減算などの演算は汎用レジスタを使って行います。なお、演算結果が正であるか、負であるか、などの情報を**フラグレジスタ**（flag register）に格納します。flagとは旗という意味であり、フラグレジスタは**条件レジスタ**とも呼ばれます。フラグレジスタの値は第12章で説明する分岐命令で使います。

e) 演算が終了すると、次に実行すべき命令が格納されているアドレスになるように、プログラムカウンタの値を変更します。

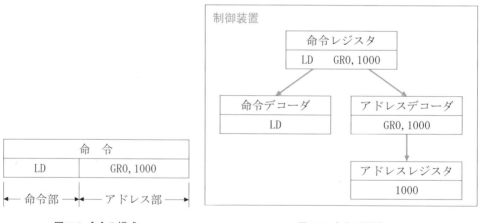

図11.5　命令の構成　　　　　　図11.6　命令の解読

　以上で1命令の実行が終了します。次に最初のa)に戻り、プログラムカウンタに書かれたアドレスを読みます。以下、同様のことを命令が終了するまで繰り返します。このように、プログラムカウンタの値に従って次々と命令が実行されます。これが**逐次処理方式**の基本です。

以上の説明で出てきた主要な装置をまとめると次のようになります。

a) **プログラムカウンタ(PC)**：次に実行する命令が格納されている主記憶装置のアドレスを記憶しておくレジスタ。

b) **命令レジスタ**：実行対象となる命令を主記憶装置から CPU に持ってきた時、この命令を記憶しておくレジスタ。

c) **アドレスレジスタ**：アドレスデコーダで解釈したアドレスを格納しておくレジスタ。

d) **汎用レジスタ(GR)**：演算対象となるデータや演算結果などを格納しておくレジスタ。GR0、GR1、GR2 など複数あります。

e) **フラグレジスタ(FR)**：演算結果が零、正、負のどれになったかを記憶しておくレジスタ。

f) **命令デコーダ**：命令を解読する解読器。

g) **アドレスデコーダ**：アドレスを解読する解読器。

命令の種類やアドレスの計算方法は次章で説明します。

Column

CPU の開発

現在、多くのパソコンのCPUには**インテル社**（Intel）が開発したものが搭載されています。CPUはIC（集積回路）の一種で、サイズは通常2〜4センチメートル四方程度です。最近の高性能CPUには、数十億から数百億個のトランジスタが集積されていることもあります。

CPUの開発に関しては嶋正利氏の話が有名です。大学卒業後数年しか経っていない若い嶋氏は唯一人アメリカへ行き、インテルの技術者と協力して、世界最初のCPUである4004を開発しました。興味ある人は嶋氏自身が書いた下記の本を読むとよいでしょう。

インテル系CPU開発の簡単な歴史を表11.1に示します。

[参考図書]
嶋正利「マイクロコンピュータの誕生　わが青春の4004」岩波書店（1987年）

表11.1　インテル系CPU開発の歴史（抜粋）

発表年	CPU名	外部バス幅 （ビット）	集積度 （トランジスタ数）	演算速度 （MIPS）	演算速度 （GFLOPS）
1971	4004	4	2,300個	0.06	—
1974	8080	8	6,000個	0.29〜0.64	—
1978	8086	16	29,000個	0.33〜0.75	—
1982	80286	16	134,000個	1.0〜2.66	—
1985	80386	32	275,000個	5〜11	—
1989	80486	32	120万個	15〜41	0.02
1993	Pentium	64	310万個	100〜300	0.3〜0.5
1995	Pentium Pro	64	550万個	300〜400	0.3〜0.5
1997	Pentium MMX	64	450万個	150〜350	0.4
1998	Pentium Ⅱ	64	750万〜950万個	300〜700	0.6〜1.0
1999	Pentium Ⅲ	64	950万〜2,800万個	400〜900	1.0〜2.0
2000	Pentium 4	64	4,200万個	1,500〜3,000	3〜6
2006	Core Duo	64	1.51億個	1.5万〜3万	14.5〜30
2006	Core 2 Duo	64	2.91億個	2万〜4.5万	25〜50
2008	Core i7 (Nehalem) 初代	64	7.31億個	7万〜10万	70〜100
2009	Core i5 (Lynnfield) 初代	64	7.74億個	5万〜8万	50〜80
2010	Core i3 (Clarkdale) 初代	64	3.83億個	2.5万〜5万	30〜60
2011	Core i7 (Sandy Bridge) 第2世代	64	9.95億個	10万〜15万	100〜150
2013	Core i7 (Haswell) 第4世代	64	14億個	15万〜20万	200〜250
2017	Core i7 (Coffee Lake) 第8世代	64	30億個	22万〜27万	300〜350
2019	Core i7 (Ice Lake) 第10世代	64	30億個	25万〜35万	500〜1,000
2021	Core i7 (Alder Lake) 第12世代	64	146億個	50万〜60万	800〜1,500

　MIPS（Million Instructions Per Second、ミップス）：1秒間にCPUが実行できる命令の数を百万単位(Million)で表したものです。整数演算、分岐命令、ロード/ストア命令など、CPUが実行するすべての命令を含みます。MIPSはCPUの処理能力を示す1つの指標ですが、異なるCPUアーキテクチャ間の性能比較には必ずしも適していません。

　GFLOPS（Giga Floating Point Operations Per Second、ギガフロップス）：1秒間にCPUやGPUが実行できる浮動小数点演算の数を十億単位(Giga)で表したもので、主に最大理論性能を示します。科学計算、3Dグラフィックス、機械学習など、大量の浮動小数点演算を必要とするアプリケーションでの性能指標として使用されます。ただし、実際のアプリケーションでの性能は他の要因にも依存します。

　本章の要点

1. 現在使われているほとんどのコンピュータは逐次処理方式を採用しています。
2. 逐次処理方式では、主記憶装置に記憶されている命令を CPU が順番に読み出し、その命令に従って主記憶装置に格納されているデータを処理します。

演習問題

1．次の文章の空欄に入れるべき適切な語句を解答群から選んで下さい。

　　　コンピュータの頭脳に相当するところをCPUあるいは(　1　)装置と呼びます。CPUは演算を行う(　2　)装置と、制御を行う(　3　)装置で構成されています。

　　　記憶装置にはコンピュータ本体に組み込まれた(　4　)装置と、コンピュータ本体の外にある(　5　)装置があります。最近のコンピュータの主記憶装置はICすなわち(　6　)でできています。補助記憶装置には(　7　)やUSBメモリがあります。入出力装置と補助記憶装置をまとめて(　8　)装置と呼びます。

解答群　中央処理、周辺、演算、制御、主記憶、補助記憶、集積回路、
　　　　ハードディスクドライブ

2．次の文章の空欄に入れるべき適切な語句を解答群から選んで下さい。

　　　ノイマン型コンピュータの特徴の1つは(　1　)方式であり、もう1つは逐次処理方式です。ノイマン型コンピュータでは(　2　)にプログラムと(　3　)の両方が格納されています。主記憶装置には(　4　)がついており、次に実行する命令が格納されている番地は(　5　)に格納されています。その番地に格納されている命令を主記憶装置から取り出し、制御装置内の(　6　)に格納します。この命令は(　7　)で解読され、演算回路などを使ってその命令が実行されます。命令の実行が終了すると、プログラムカウンタの値は次に実行する命令が格納されている番地になり、次の命令が実行されます。このように、命令を次々順番に実行する処理方式を(　8　)方式と呼びます。

解答群　プログラム内蔵、逐次処理、主記憶装置、補助記憶装置、データ、変数、
　　　　番地、制御装置、演算装置、名前、プログラムカウンタ、デコーダ、
　　　　エンコーダ、アドレスレジスタ、汎用レジスタ、フラグレジスタ、
　　　　命令レジスタ

標準問題

1．コンピュータの五大装置の名称を書き、各々の装置の機能を説明して下さい。

2．次の装置の具体例を複数書いて下さい。
　　a)補助記憶装置　　　　　　b)入力装置　　　　　　c)出力装置

3．コンピュータの動作を詳しく説明して下さい。

4．次のレジスタは、何の目的でどのように使われているのかを説明して下さい。
　　a) プログラムカウンタ　　　b) 命令レジスタ　　　　c) アドレスレジスタ
　　d) 汎用レジスタ　　　　　　e) フラグレジスタ

応用問題

1．次の用語と関係の深い語句を解答群から選んで下さい。
　　a) 中央処理装置　　　　b) 集積回路　　　c) 記憶装置　　　d) プログラムカウンタ
　　e) 番地　　　　　　　f) ハードディスクドライブ

　　解答群　　　CPU、IC、HDD、PC、address、memory

第**12**章 コンピュータの命令

第11章でコンピュータの動作の概略を説明しました。この章ではコンピュータの命令の種類やその実行方法などをもう少し詳しく説明します。また、命令とデータが主記憶装置に格納されていますが、主記憶装置のアドレス指定の方法についても説明します。この章でコンピュータの動作をかなり具体的に明らかにしていきます。

本章の重要語句

　(1) 機械語　　(2) アセンブリ言語　　(3) ニーモニック　　(4) ロード命令

　(5) ストア命令　　　(6) プログラム言語　　　(7) コンパイラ

　(8) アドレス指定　　(9) 直接アドレス指定　　(10) 間接アドレス指定

　(11) 指標アドレス指定　　(12) インデックスアドレス指定　　(13) 指標レジスタ

　(14) インデックスレジスタ　　(15) 有効アドレス　　(16) 実効アドレス

　(17) ベースアドレス指定　　(18) ベースレジスタ

本章で理解すべき事項

　(1) 命令の形式　　(2) 命令の実行方法　　(3) アドレス指定

12.1 命令の形式

第11章でコンピュータの動作の説明をしました。コンピュータの動作の基本は、主記憶装置に書かれた命令をCPUが順番に読み取り、その命令を実行することです。この命令は**機械語**で書かれており、2進数で記述されていますが、どのような命令がどのように書かれているのでしょうか？　実は機械語の命令の種類や命令の記述方法はCPUの種類により異なります。本書では、COMET(COMputer Education Tool)という仮想コンピュータを例にとり、説明することにします。

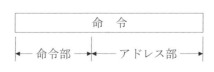

図11.5　命令の構成

　図11.5に示したように、機械語の命令は**命令部**（オペコード）と**アドレス部**（オペランド）で構成されています。たとえば、COMETでは命令全体は32ビットで構成され、命令部が8ビット、アドレス部が24ビットで構成されています。

12.2 アセンブリ言語

　機械語の命令は0と1の2進数で表現されていますが、0と1の羅列では人間には理解しにくいので、人間に理解しやすい**アセンブリ言語**（assembly language：**アセンブラ言語**ともいう）が考案されました。アセンブリ言語では、命令の意味を表す英単語をもとにして数文字のアルファベットで表した命令、すなわち**ニーモニックコード**（mnemonic code）を使います。アセンブリ言語は機械語に1対1に対応する言語で、**アセンブラ**というソフトを使って機械語に翻訳できます。アセンブリ言語もCPUに依存します。COMETで使われるアセンブリ言語には**CASL**（Computer ASsembly Language）という名前が付いています。この本ではCASLを例にして説明します。

　COMETとCASLは2001年にそれぞれ「COMET Ⅱ」と「CASL Ⅱ」に改訂されました。2023年4月からの「基本情報技術者試験」では、C、Java、Python、アセンブリ言語、表計算ソフトのような個別のプログラミング言語の出題は、普遍的で本質的なプログラミング思考力を問うため、擬似言語（アルゴリズムを表現するための擬似的なプログラム言語）による出題に統一されています。CASLは、シンプルで基本的なアセンブリ言語として設計されているため、低レベルのコンピュータアーキテクチャや命令セットの基本概念を学ぶのに適しています。その結果、アセンブリ言語や機械語の仕組みを理解しやすくなり、命令セットが限定されているため、基礎的なプログラミングスキルを効率的に習得できます。表12.1に異なる言語による命令の記述例を示します。

表12.1　言語と命令の記述の例

言　　　語	命　令　の　記　述　例
日本語（自然言語）	aとbの和zを求めよ。
C言語（高水準言語）	z = a + b ;
CASL（アセンブリ言語）	LD　　GR0, adr1 ADD　GR0, adr2 ST　　GR0, adr3
機　械　語	0001 0000 0010 0000 0000 0100 0000 0000 0010 0000 0010 0000 0000 0100 0000 0010 0001 0001 0010 0000 0000 0100 0000 0100

12.3 命令の種類

　CPUにより命令の種類は異なります。ここではCASLで使われている主要な命令を表12.2に示します。命令は大きく分けると、次の7種類になります。表12.2では(6)と(7)は省略しています。

　(1) ロード・ストア命令　　(2) 算術演算・論理演算命令　　(3) 比較演算命令
　(4) シフト演算命令　　　　(5) 分岐命令　　　　　　　　　(6) スタック命令
　(7) コール・リターン命令

表12.2 コンピュータの命令の種類

命令の種類	命　令	命令の書き方	命　令　の　説　明
ロード・ストア	ロード	LD　GR,adr[,XR]	有効アドレスの内容をレジスタGRにコピーする
	ストア	ST　GR,adr[,XR]	GRの内容を有効アドレスにコピーする
算術・論理演算	算術加算	ADD GR,adr[,XR]	GRの内容と有効アドレスの内容を加算する
	算術減算	SUB GR,adr[,XR]	GRの内容から有効アドレスの内容を減算する
	論理積	AND GR,adr[,XR]	GRの内容と有効アドレスの内容の論理積を取る
	論理和	OR　GR,adr[,XR]	GRの内容と有効アドレスの内容の論理和を取る
	排他的論理和	XOR GR,adr[,XR]	GRの内容と有効アドレスの内容の排他的論理和を取る
比較演算	算術比較	CPA GR,adr[,XR]	GRの内容と有効アドレスの内容の算術比較をする
	論理比較	CPL GR,adr[,XR]	GRの内容と有効アドレスの内容の論理比較をする
シフト演算	算術左シフト	SLA GR,adr[,XR]	GRの内容を有効アドレスの内容だけ算術左シフトする
	算術右シフト	SRA GR,adr[,XR]	GRの内容を有効アドレスの内容だけ算術右シフトする
	論理左シフト	SLL GR,adr[,XR]	GRの内容を有効アドレスの内容だけ論理左シフトする
	論理右シフト	SRL GR,adr[,XR]	GRの内容を有効アドレスの内容だけ論理右シフトする
分岐	正分岐	JPZ adr[,XR]	FRの値が正か零なら有効アドレスの命令に飛ぶ
	負分岐	JMI adr[,XR]	FRの値が負なら有効アドレスの命令に飛ぶ
	零分岐	JZE adr[,XR]	FRの値が零なら有効アドレスの命令に飛ぶ
	無条件分岐	JMP adr[,XR]	無条件に有効アドレスの命令に飛ぶ

　表12.2の「命令の書き方」の欄の最初の1行目は次のようになっています。

　　　LD　GR,adr[,XR]　　　　　　　　　　　　　　　　　　　(12-1)

　この場合、最初のLDがニーモニックコードで、図11.5の命令部に相当します。次のGRは汎用レジスタ、adrは主記憶装置の**番地**を表しています。COMETでは汎用レジスタはGR0からGR4まで5個あります。XRは**指標（インデックス：index）レジスタ**で、[ ]内は省略可能なことを表しています。「命令の説明」欄に記載されている**有効アドレス**とはadrとXRにより決まる主記憶装置のアドレスです。指標レジスタと有効アドレスについて

は、12.5節で詳しく説明します。分岐命令の説明にあるFRはフラグレジスタ (Flag Register)のことです。

表12.2のいくつかの命令について簡単に説明します。

a) **ロード**(load)**命令**とは、主記憶装置にあるデータを、CPU内の汎用レジスタGRにコピーする命令です。表12.2の1行目に記載した「LD GR, adr[, XR]」の場合、「LD」が図11.5に示した命令部で、CASLでは2進数8桁で(0001 0000)のように表現されます。また「GR, adr[, XR]」が図11.5に示したアドレス部です。アドレス部については次節で詳しく説明します。

b) **ストア**(store)**命令**とは、CPU内の汎用レジスタGRにあるデータを、主記憶装置にコピーする命令です。

c) 算術加算命令とは、CPU内の汎用レジスタGRにあるデータと主記憶装置にあるデータの加算を行い、加算結果を汎用レジスタGRに格納する命令です。算術減算命令は引き算を行う命令です。

d) 論理積命令・論理和命令・排他的論理和命令は、9.6節で説明したビットごとの論理演算を行う命令です。

e) 比較命令とは2つの数の大小を比較し、その結果をフラグレジスタに格納する命令です。算術比較では数が2の補数で表現されている、論理比較では6.7節で説明した絶対値で表現されていると仮定して、比較します。

f) シフト演算には算術シフトと論理シフトがあります。算術シフトは先頭ビットが符号ビットであることを考慮したシフトで、7.5節で説明したように、シフトしても先頭ビットは変わりません。それに対して、**論理シフト**では先頭ビットを特別扱いしません。論理右シフトでは空いた左側に、論理左シフトでは空いた右側に、0を入れます。

g) 分岐命令は表12.2に示すように複数ありますが、いずれもフラグレジスタの値により、次に実行する命令が変わります。次に実行する命令の番地はプログラムカウンタに格納されています。普通、ある命令の実行が終了するとプログラムカウンタの値が1増えて、次の命令が実行されます。これが逐次処理の基本です。しかし、分岐命令では有効アドレスの値をプログラムカウンタに書き込みます。その結果、次に実行する命令が遠くに飛びます。なお、算術演算・論理演算命令、比較命令、シフト演算命令などの実行結果により、フラグレジスタの値が決まります。

12.4 命令の実行

コンピュータでの命令の実行の様子を、次の計算を例にして説明します。

$$z = a + b \tag{12-2}$$

式(12-2)は「変数aと変数bの内容の加算結果を変数zに格納せよ」という命令です。普通、コンピュータに仕事をさせる場合はある特定の**プログラム言語**を使って命令(プログラム)を書きます。加算処理の場合、式(12-2)のような形で命令を記述するプログラム言語を**高水準言語**と呼びます。高水準言語で書かれたプログラムを**コンパイラ**(compiler)と呼ばれるソフトウェアを使って機械語のプログラムに**翻訳**(コンパイル:compile)します。この機械語のプログラムが主記憶装置に格納されています。この機械語のプログラムをCASLで書くと、次のようなイメージになります。すなわち、式(12-2)に示す**高水準言語の1命令は機械語の数個の命令になります**。

LD	GR0,adr1	(12-3)
ADD	GR0,adr2	(12-4)
ST	GR0,adr3	(12-5)

ここで、adr1、adr2、adr3は各々変数a、b、zの値が格納されている主記憶装置の番地です。

1行目の「LD GR0,adr1」は主記憶装置のadr1番地の内容(変数aの内容)をCPU内の汎用レジスタGR0にコピーする命令です。図12.1のa)に示すように変数aに整数10が入っていれば、GR0に10がコピーされます。具体的には、11.3節で説明した図11.4から図11.6などの複数の命令が実行されて、コピーされます。

2行目の「ADD GR0,adr2」は汎用レジスタGR0の内容に主記憶装置のadr2番地の内容(変数bの内容)を加算し、加算結果をGR0に保存する命令です。この命令により式(12-2)の加算a+bが実行されます。図12.1のb)に示すように変数bに20が入っていれば「10+20」の計算が行われ、加算結果30がGR0に格納されます。

3行目の「ST GR0,adr3」はGR0の内容を主記憶装置のadr3番地(変数zの番地)にコピーする命令です。図12.1のc)に示すように、この命令により加算結果30が変数zに格納されます。

以上説明したように、式(12-3)から式(12-5)の命令を実行することにより、高水準言語で記述された式(12-2)の命令が実行されることになります。文章で説明すると非常に長くなりますが、コンピュータの計算速度は速く、このような加算を1μs以下で実行します。

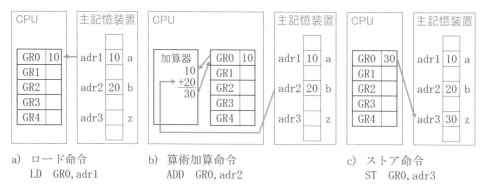

a)　ロード命令
　　LD　GR0, adr1

b)　算術加算命令
　　ADD　GR0, adr2

c)　ストア命令
　　ST　GR0, adr3

図12.1　ロード・加算・ストア命令の実行の様子

12.5　アドレス指定方式

　図11.5のアドレス部についてこの節で説明します。前節でロード命令は次のように書きました。

　　　LD　GR0, adr1　　　　　　　　　　　　　　　　　　　　　　　　　　　　　(12-3)

　この命令の最後の「adr1」は主記憶装置の**番地**(アドレス)を表しています。アドレスの指定方式はここで示したように、単純に「adr1」と書く他に、数種類あります。本節では**アドレス指定**方式について説明します。

（１）直接アドレス指定

　　　命令レジスタのアドレス部に書かれた数値が、参照すべきデータの入っている主記憶装置の番地を表している方式を**直接アドレス指定**と呼びます。式(12-3)は直接アドレス指定方式であり、adr1が参照すべきデータの入っている主記憶装置の番地を表しています。式(12-3)のadr1の値が図12.2に示すように1000なら1000番地に**アクセス**に行き、1000番地の内容10が汎用レジスタGR0にコピーされます。

図12.2　直接アドレス指定

（２）間接アドレス指定

　　　アドレス部に書かれた番地の中に、参照すべきデータの入っている番地が書かれ

ている方式を**間接アドレス指定**と呼びます。たとえば図12.3の場合、アドレス部に1000と書いてあるので、1000番地の内容を見ると2000と書いてあります。参照すべきデータは2000番地の50になります。式(12-3)が間接アドレス指定なら、2000番地の内容50がGR0にコピーされます。

　直接アドレス指定では、参照すべきデータの番地を直接プログラムに書く必要があり、参照先を変更するにはプログラムを変更しなければなりません。それに対して、間接アドレス指定ではプログラムを変更せずデータを変更することで、参照すべき番地を簡単に変更できます。たとえば1000番地の内容2000を3000と変更すれば、図12.3の場合、参照するデータを50から60に簡単に変更できます。一般にプログラムを変更するよりデータを変更する方が容易なので、直接アドレス指定より間接アドレス指定の方が柔軟なプログラムになります。

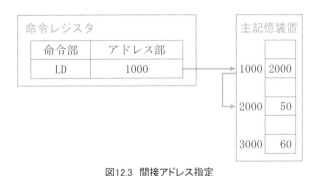

図12.3　間接アドレス指定

（3）指標（インデックス）アドレス指定

　　式(12.1)の**指標（インデックス：index)レジスタ**を使ったアドレス指定方式を**指標アドレス指定**と呼びます。このアドレス指定方式では、指標レジスタの値と主記憶装置の番地adrの値の和が、参照すべきデータの入っている番地になります。このように、データが入っている最終的な番地を**有効（実効：effective)アドレス**と呼びます。CASLの場合、指標レジスタは汎用レジスタのGR1からGR4のどれかが使われます。たとえば、式(12-6)の場合、adrが1000で、XRはGR1になります。図12.4に示すようにGR1に2000が入っているなら、1000とGR1の内容2000の和を求め、和3000をアドレスレジスタに入れます。この3000が実効アドレスになります。このアドレスの計算は11.3節の図11.6で説明したように、アドレスデコーダが行います。そして、アドレスレジスタに格納されている値3000を調べ、3000番地の内容60をGR0にコピーします。

　　　LD　GR0, 1000, GR1　　　　　　　　　　　　　　　　　　　　　　　(12-6)

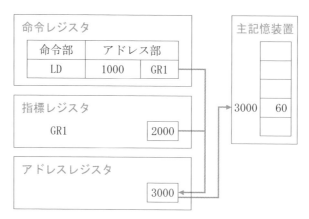

図12.4　指標アドレス指定（インデックスアドレス指定）

　　データが数表(テーブル : Table)のように連続してまとまって存在する場合、その先頭のデータの番地を指標レジスタに格納しておき、その先頭番地からの相対番地をadrに書くことで、連続したデータを効率よく参照できます。たとえば、高水準言語の**配列**では、このような方法で配列要素を参照します。

（４）ベースアドレス指定
　　　　上記(3)の指標レジスタを使う代わりに、**ベース**(base)**レジスタ**を使う方式を**ベースアドレス指定**と呼びます。実効アドレスの計算方法は指標アドレス指定とベースアドレス指定で同じですが、使う目的が異なるため、別の名前が付いています。
　　プログラムは普通ハードディスクなどの補助記憶装置に格納されており、実行直前に主記憶装置に移されます。これを**ロード**(load)と呼びます。しかし、1台のコンピュータには普通、複数のプログラムが動いており、主記憶装置の空いている番地はいつも一定ではないので、プログラムがロードされる番地は毎回変わります。当然データが格納される番地も毎回変わるので、プログラム作成時にはデータが格納される番地は不明になります。しかし、プログラムの先頭からの相対番地はプログラム作成時に決まっています。そこで、ロードする時にプログラムの先頭番地をベースレジスタに格納し、ベースレジスタを使って実効アドレスを求め、プログラムを実行します。ベースレジスタはこのような目的に使います。これに対して、指標レジスタはプログラム内部での相対アドレスの計算に使っており、両者の使用目的が異なります。

本章の要点

1．コンピュータが実行すべき命令とデータは主記憶装置に格納されています。

2．この命令は1と0の組合わせで表現された機械語で書かれています。

3．普通は高水準言語でプログラムを書き、コンパイラを使ってそれを機械語に翻訳します。

4．機械語の1つひとつの命令は非常に単純ですが、それを組合せて複雑な処理をコンピュータは高速に行っています。

5．機械語の命令にはロード命令・ストア命令・加算命令などがあります。

6．機械語の命令では、処理対象となるデータが格納されている主記憶装置の番地を指定して、データにアクセスします。

7．番地の指定方法には、直接番地を指定する方法の他に、指標レジスタを使った指定方法などがあります。

演習問題

基礎問題

1．次の文章の空欄に入れるべき適切な語句を解答群から選んで下さい。

　　コンピュータの命令は(　　1　　)装置に格納されており、命令部とアドレス部で構成されています。(　　2　　)部には命令の種類が、(　　3　　)部には処理の対象となるデータのアドレスが書かれています。

　　コンピュータが直接理解できる言語は(　　4　　)語ですが、(　　4　　)語は人間にわかりにくいので、プログラムを書く時は(　　5　　)言語で書き、アセンブラを使って(　　4　　)語に翻訳します。あるいはC言語のような高水準言語で書き、(　　6　　)を使って(　　4　　)語に翻訳します。

　　機械語の命令には、主記憶装置にあるデータをレジスタにコピーする(　　7　　)命令、レジスタにあるデータを主記憶装置にコピーする(　　8　　)命令などがあります。

解答群　演算、主記憶、補助記憶、命令、比較、分岐、アドレス、機械、
　　　　アセンブリ、シフト、ロード、ストア、ニーモニック、コンパイラ、
　　　　プログラム、高水準

2．次の文章の空欄に入れるべき適切な語句を解答群から選んで下さい。

　　機械語の命令のアドレス部にはアドレスが書かれていますが、多くのアドレス指定方式があります。アドレス部に書かれたアドレスに参照すべきデータがある指定方法を(　1　)アドレス指定と呼びます。アドレス部に書かれたアドレスの中に、参照すべきデータのアドレスが書かれている方式を(　2　)アドレス指定と呼びます。インデックスレジスタを使う方式を(　3　)アドレス指定、ベースレジスタを使う方式を(　4　)アドレス指定と呼びます。指標アドレス指定の場合、アドレス部に書かれた値は最終的なアドレスではありません。参照すべきデータが入っている最終的なアドレスを(　5　)アドレスと呼びます。

　解答群　　直接、間接、絶対、相対、座標、指標、ベース、命令、実効

標準問題

1．逐次処理方式のコンピュータにおける命令の実行方法を説明して下さい。

2．次のアドレス指定方法を説明して下さい。
　　a) 直接アドレス指定　　　　　b) 間接アドレス指定
　　c) 指標アドレス指定　　　　　d) ベースアドレス指定

3．前間のa)～d)の4つのアドレス指定は、各々どのような目的で使うかを説明して下さい。

4．直接アドレス指定と比べて、間接アドレス指定が優れている事項を説明して下さい。

5．指標アドレス指定とベースアドレス指定における実効アドレスの指定方法と計算式は同じですが、使用目的は異なります。その違いを説明して下さい。

6．有効アドレスとは何かを説明して下さい。

応用問題

1．機械語・アセンブリ言語・高水準言語の違いと、特徴を説明して下さい。

第13章 記憶装置

　第11章で記憶装置には主記憶装置と補助記憶装置があることを説明しました。これらの記憶装置はどのようなもので作られているのでしょうか？ また、なぜ主記憶装置と補助記憶装置の2種類の記憶装置が必要になるのでしょうか？ この章では、多くの記憶装置を紹介し、各々の記憶装置の必要性について考えていきます。

　コンピュータは多くの部品で構成されていますが、主にどのようなもので構成されているのか、それらの機能は何かなども本章で説明します。パソコンのカタログを見ると、多くの専門用語を使ってパソコンの性能(仕様)が書かれています。本章を理解すれば、これらの専門用語の多くを理解できるようになるでしょう。

本章の重要語句

　(1) アクセス速度　　(2) 記憶容量　　　(3) ランダムアクセス　　　(4) 順アクセス

　(5) 逐次アクセス　　(6) 不揮発性メモリ　　(7) 揮発性メモリ　　(8) IC

　(9) 集積回路　　　(10) 半導体メモリ　　(11) Si　　　(12) トランジスタ

　(13) LSI　　　(14) MOS IC　　　(15) RAM　　　(16) ROM

　(17) DRAM　　(18) リフレッシュ　　(19) SRAM　　　(20) フリップフロップ回路

　(21) HDD　　(22) SSD　　　(23) CD-ROM　　(24) DVD

　(25) Blu-ray Disc　(26) USBフラッシュドライブ、USBメモリ

　(27) フラッシュメモリ　　(28) bps　　(29) クラウドストレージ　　(30) 磁気テープ

　(31) 記憶階層　　　(32) キャッシュメモリ　　(33) 緩衝記憶装置

本章で理解すべき事項

　(1) 記憶装置の種類と特徴　　　　(2) 記憶階層

13.1 記憶装置の性能

　記憶装置に限らずいろいろな装置には性能の良い装置とそうでない装置があります。一般に性能の良い装置は高価です。いくら性能が良くても価格が高すぎては誰も買いません。工業製品としては性能と価格のバランスが重要になります。また、性能も特定の

性能でなく、多くの性能について考える必要があります。コンピュータでは多種類の記憶装置が使われていますが、**価格と多種類の性能のバランス**を考えて、最適な場所に最適な記憶装置を使っています。主記憶装置と補助記憶装置があるのもこのような理由によります。なお、記憶装置のことを**メモリ**(memory)とも呼びます。

　記憶装置は情報を記憶する装置ですが、情報を記憶することを情報を**書く**(write)あるいは**保存する**(save)、記憶した情報を取り出すことを情報を**読む**(read)といいます。書いたり読んだりすることを**アクセス**(access)するといいます。主記憶装置には**番地**(**ア****ドレス**:address)が付いており、「○○番地の内容を読む」などと、主記憶装置に格納された情報は番地を指定して読んだり書いたりします。

　記憶装置の性能は、短時間で情報を読み書きできる、すなわち**アクセス時間**が短い方が性能が良いことになります(本書では「アクセス時間が短い」と書かず、「**アクセス速****度が速い**」と書きます)。また、1つの記憶装置に記憶できる量(**記憶容量**)が多い方が性能が良いといえます。しかし、アクセス速度が速い記憶装置は記憶容量が少ないのが普通です。コンピュータには多種類の記憶装置が使われていますが、コンピュータ全体としての**アクセス速度と記憶容量とのバランス**を考えて、最適な場所に最適な記憶装置を使っています。

　アクセス時間の単位にはms(ミリ秒)、μs(マイクロ秒)、ns(ナノ秒)、ps(ピコ秒)、fs(フェムト秒)などがあります。記憶容量の単位にはB(バイト)、KB(キロバイト)、MB(メガバイト)、GB(ギガバイト)、TB(テラバイト)、PB(ペタバイト)などがあります。各々次の関係があります。

【重要】　$1\text{ms}=10^{-3}\text{s}$　　　$1\mu\text{s}=10^{-6}\text{s}$　　　$1\text{ns}=10^{-9}\text{s}$　　　$1\text{ps}=10^{-12}\text{s}$　　　$1\text{fs}=10^{-15}\text{s}$

$1\text{KB}=2^{10}\text{B}=1024\text{B}\fallingdotseq10^{3}\text{B}$　　　$1\text{MB}=2^{20}\text{B}=1024\text{KB}\fallingdotseq10^{6}\text{B}$

$1\text{GB}=2^{30}\text{B}=1024\text{MB}\fallingdotseq10^{9}\text{B}$　　　$1\text{TB}=2^{40}\text{B}=1024\text{GB}\fallingdotseq10^{12}\text{B}$

$1\text{PB}=2^{50}\text{B}=1024\text{TB}\fallingdotseq10^{15}\text{B}$

13.2　ランダムアクセスと順アクセス

　記憶装置へのアクセス方法には**ランダムアクセス**(乱アクセス:random access)と**順ア****クセス**(逐次アクセス:sequential access)があります。両者の特徴を表13.1に示します。

　ランダムアクセスとは、任意の番地に**同じアクセス時間**で読み書きできるということです。たとえば、CDに録音された音楽は最初の曲でも最後の曲でも、曲の番号を指定すれば同じ時間で聞き始めることができるので、CDはランダムアクセスの記憶装置です。

表13.1　ランダムアクセスと順アクセス

	ランダムアクセス	順アクセス
アクセス時間	アドレスによらず一定	アドレスに依存する
記憶装置の例	HDD、SSD、USBメモリ CD-ROM、DVD Blu-ray	磁気テープ

　一方、先頭のアドレスから順にアクセスすることを順アクセスと呼びます。たとえば、音楽用のテープは先頭の音楽から順にしか聞けないので、磁気テープは順アクセス記憶装置です。テープの最初に録音した音楽はすぐ聞くことができますが、最後に録音した音楽は最後まで早送りしないと聞けません。すなわちアクセス時間がテープの先頭と最後では異なります。このように、順アクセスの記憶装置では**アドレスの値によりアクセス時間が異なります**。

13.3　不揮発性メモリと揮発性メモリ

　CDやDVDなどは電源を切っても記憶された情報は消えません。このように、記憶された情報を保持するのに電源が不要な記憶装置を**不揮発性メモリ**（不揮発性記憶装置）と呼びます。それに対して、13.5節で説明する半導体メモリのRAMと呼ばれる記憶装置は電源を切ると、記憶された情報が消えます。このように情報を保持するのに電源が必要な記憶装置を**揮発性メモリ**（揮発性記憶装置）と呼びます。両者の比較を表13.2に示します。

表13.2　不揮発性メモリと揮発性メモリ

	不揮発性メモリ	揮発性メモリ
記憶の保持	電源不要	電源必要
記憶装置の例	ROM HDD、SSD USBメモリ CD-ROM、DVD Blu-ray 磁気テープ	RAM

　パソコンの主記憶装置のRAMは揮発性メモリなので、パソコンの電源を切る前に不揮発性メモリに情報を保存しておく必要があります。たとえば、文章編集ソフト（**エディタ**：editor）を使って文章を書いている場合、この文章は主記憶装置のRAMに記憶されています。普通はこの文章を不揮発性メモリである補助記憶装置、たとえば、SSDをはじめ、ハードディスクやUSBメモリに保存してから、パソコンの電源を切ります。

13.4　半導体メモリ

　コンピュータの記憶装置には主記憶装置と補助記憶装置があることをすでに説明しました。最近のコンピュータの主記憶装置は、IC（Integrated Circuit：集積回路）でできています。ICは半導体（semiconductor）でできているので、ICで作られた記憶装置（ICメモリ）を半導体メモリ（半導体記憶装置）とも呼びます。

　半導体とは、電気伝導度が絶縁体と導体の中間の物質で、半導体に含まれるわずかな不純物の量により電気伝導度が大きく変化する物質です。代表的な半導体にシリコン（元素記号はSiで、珪素［けいそ］ともいう）があり、大部分のICはシリコンでできています。シリコンのように1つの元素でできている半導体の他に、化合物半導体もあります。代表的な化合物半導体に砒化ガリウム（化学式はGaAs）や窒化ガリウム（化学式はGaN）があり、発光ダイオード（LED：Light Emitting Diode）やレーザーダイオードなどは化合物半導体でできています。音楽を聴くCDや映画を見るDVD装置にも半導体レーザーが使われています。

　ICとは、トランジスタ（transistor）・抵抗・コンデンサーなどの回路部品（素子：device）を数mm角の半導体小片（チップ：chip）にたくさん集積したものです。1個のICに何個の素子が入っているかを表す用語を集積度といい、集積度が高いICほど性能が良いといえます。ICは厳密には集積度により、IC、LSI（Large Scale Integration：大規模集積回路）、VLSI（Very Large Scale Integration：超大規模集積回路）、ULSI（Ultra Large Scale Integration）などと区別されていますが、最近は単にICあるいはLSIと呼ばれています。初期のICには10個とか100個程度の素子しか含まれていませんでしたが、最近のLSIには10億個以上の素子が含まれています。IC技術の発達とともに、コンピュータは高性能化・小型化してきたといってよいでしょう。

　トランジスタにはバイポーラ（bipolar）トランジスタとMOS（Metal Oxide Semiconductor）トランジスタがあり、これに対応してバイポーラICとMOS ICがあります。MOS ICはバイポーラICに比較して集積度が高く、低価格で、消費電力が少ないという長所があります。しかし、動作中は電力を多く消費し、アクセス速度が遅いという短所があります。MOS ICの一種に、動作時でも電力がほとんど消費されないCMOSと呼ばれるICがあります。最近の腕時計は小さな電池で数年間動きますが、これは消費電力が少ないCMOSが使われているためです。バイポーラICとMOS ICの比較を表13.3に示します。

　なお、バイポーラICは、一般的なデバイスやアプリケーションでは使用頻度が小さくなっています。たとえば、高い耐放射線性が求められる宇宙航空産業や一部の医療機器など、極端な環境下での使用において、バイポーラICが採用されることがあります。このようにバイポーラICは特定の要件を満たす場合にいまもなお使用されていますが、一般的なデジタルアプリケーションでは、より低消費電力かつ高集積度なCMOSが主流となっています。

表13.3　バイポーラICとMOS ICの比較

ICの種類	アクセス速度	集積度	消費電力	価格/ビット
バイポーラIC	速い	低い	多い	高い
MOS IC	遅い	高い	少ない	安い

13.5　RAMとROM

　記憶装置は大きく分けて、読み書き両方できる**RAM**（Random Access Memory）と、読むことだけができる**ROM**（Read Only Memory）に分類できます。

（1）RAM（Random Access Memory）

　RAMの本来の意味は乱アクセス可能な記憶装置ということです。しかし、一般には、**読むことも書くこともできる**メモリを**RAM**と呼んでいます。読み書きできるメモリは、厳密にはRWM（Read Write Memory）というべきですが、普通はRWMといわずRAMと呼んでいます。書くことができるとは、以前に書かれた情報を消して、その上に新しい情報を書く（これを**上書き**と呼ぶ）ことができるということです。RAMの欠点は、揮発性メモリであること、すなわち電源を切ると記憶内容が失われることです。コンピュータの主記憶装置にはRAMが使われています。RAMにはDRAMとSRAMがあります。両者の比較を表13.4に示します。

表13.4　DRAMとSRAMの比較

種類	記憶方式	集積度	アクセス速度	価格/ビット	リフレッシュ
DRAM	電荷の有無	高い	遅い	安い	必要
SRAM	フリップフロップ回路	低い	速い	高い	不要

a）DRAM（Dynamic RAM）

　DRAMはコンデンサーに蓄積された電荷の有無で1と0の状態を記憶します。SRAMに比較して、集積度が高いのがDRAMの長所です。しかし、蓄積した電荷がある一定時間経つと減少し、1と0の区別がつかなくなります。そこで、完全に電荷がなくなる前に充電し、電荷をいっぱいにする必要があります。この動作のことを**リフレッシュ**（refresh）といいます。リフレッシュのための回路が余分に必要になるのがDRAMの欠点です。

b）SRAM（Static RAM）

　SRAMは10.5節で説明した**フリップフロップ回路**（**双安定回路**）で構成され、1と0

の状態を記憶します。DRAMに比較して、高速にアクセスできることと、リフレッシュ動作を必要としないのがSRAMの特徴です。しかし、集積度はDRAMより劣り、同じ記憶容量ではDRAMより高価になります。

（2）ROM（Read Only Memory）

　　ROMとは文字どおり読み込み専用の記憶装置です。ROMを作るIC工場で情報の書き込みを行っており、一般のユーザーはその情報を読むだけです。ROMの長所は不揮発性メモリであること、すなわち電源を切っても記憶内容が失われないことです。

　　コンピュータにもROMが使われています。小学生などが良く知っているROMはゲームソフトの入ったROMです。ゲーム内容はIC工場でROMに書き込まれます。ゲームを楽しむ人はその情報を書き換える必要はありません。情報を読むだけでいいのです。また、電卓で平方根（√）を計算できますが、平方根の計算式（プログラム）などが入ったROMが電卓には使われています。炊飯器に組み込まれたROMには、ご飯をおいしく炊くプログラムが入っています。その他の家電品（エアコン、掃除機、洗濯機など）にもROMが組み込まれています。

RAMとROMの特徴を比較すると表13.5のようになり、ROMは不揮発性という長所を持っていますが、情報を書くことができないという欠点があります。ROMは本来読み込み専用で、ユーザーは情報を書き込めません。このようなROMを**マスクROM**と呼びます。この他にユーザーが情報を書き込めるROMがあります。このようなROMは書き込み回数に制限があったり、書き込み時間が長かったりするのがRAMとの違いです。

表13.5　RAMとROMの比較

	RAM	ROM
アクセスの種類	読み書き両方可能	読み込みのみ、書くことができない
データの保持	電源が必要	電源が不要

　　最近、半導体メモリで、不揮発性であるが書き込み可能な**フラッシュメモリ**（flash memory）が注目されています。これはROMの一種なので、フラッシュROMとも呼ばれています。

13.6　補助記憶装置

コンピュータには主記憶装置の他に補助記憶装置があります。補助記憶装置として使われている代表的な記憶装置を説明します。

a) HDD (Hard Disk Drive、ハードディスクドライブ)

HDD（ハードディスクドライブ）は磁気記録技術を使用した記憶装置です。Hardは、フロッピーディスクのような柔軟なメディアに対して、硬いメディアを意味しています。また、Diskは円盤という意味です。HDDは、データを保存するための装置全体を指し、その中には実際のデータが保存されるハードディスク（複数のプラッタで構成）が含まれています。ハードディスクは、磁性体が塗布された複数の円盤（プラッタ）を含みます。HDDは、**磁気ディスク記憶装置**とも呼ばれます。大容量であっても比較的安価なため、大容量のストレージが必要で、コストが重視される場合、HDDが選択される傾向にあります。

HDDは、データの読み書きに回転するディスク（プラッタ）と移動する磁気ヘッドを使用します。このため、物理的な動作が必要で、次に説明するSSDと比較するとアクセス速度が遅くなります。しかし、RAID 0（パフォーマンスを向上させる仕組み）やRAID 5（パフォーマンスを向上させるとともに、データを保護する仕組み）などを設定し、複数のディスクを同時に使用してデータの読み書きを分散処理させることで、HDDのパフォーマンスを向上させる方法もあります。

b) SSD (Solid State Drive、ソリッドステートドライブ)

SSDは、ハードディスクドライブとは異なり、可動する機械部品を持たずに、NAND型のフラッシュメモリを用いてデータを保存します。データの読み書きが非常に高速で行え、アクセス時間が短いです。機械部品を持たないため、物理的な動作音がなく、発熱も少ない傾向があり、物理的な衝撃に対しても優れています。HDDに比べると単位容量あたりのコストは高いですが、性能や信頼性が優先される場合、または高速なデータアクセスが必要な場合には、SSDが選択される傾向にあります。デスクトップパソコン、ノートパソコンやタブレット、モバイルデバイス、サーバーなど、さまざまなデバイスに広く利用されています。

c) 光学ディスクドライブ

CD-ROM、DVD、Blu-ray Discなどの光ディスクメディアに対してレーザー光を利用してデータを読み取り、書き込むデバイスです。主にデータのバックアップや、音楽や映画の再生、ソフトウェアのインストールなどに使用されます。

① CD-ROM (Compact Disk Read Only Memory)

CD-ROMは読み取り専用の記憶装置で、直径約12cmの円盤1枚に標準的に約700MBのデータを記憶できます。コンピュータで使っているCD-ROMの情報のアクセス

方法は、音楽用のCDと同じです。記録面には幅が約0.5μmのピット（くぼみ）が多数あり、ピットとランドの切り替わりによる反射光の変化（強さの違い）を利用してデジタルデータを読み取ります。ピットの始まりと終わりが2進数の1、それ以外の部分が2進数の0に対応しています。CD-ROMに波長780nmのレーザー光線を照射し、反射光の変化を検出してデジタルデータを読み取ります。CD-ROMは主にソフトウェア、音楽、ビデオなどのデータを保存・配布するために使用されますが、容量が後述するDVDやBlu-ray Discよりも少ないという欠点があります。**CD-R**（1回のみ書き込み可能）や**CD-RW**（複数回書き換え可能）は、CD-ROMとは異なり、書き込み機能を持つディスクとして利用されています。

② DVD (Digital Versatile Disc)

DVDの概観はCDとほぼ同じ直径約12cmの円盤で、レーザー光を使って情報を読みますが、構造や記憶容量がCDとは異なります。DVDは、片面または両面に情報を記録でき、各面には1層または2層のデータ記録層があります。読み出し専用のDVD-ROM、1回だけ書き込めるDVD-RやDVD+R、複数回書き込みできるDVD-RWやDVD+RW、主に業務用で使われるDVD-RAMなどがあります。片面1層（シングルレイヤー）に4.7GB、片面2層（デュアルレイヤー）に8.5GB記録できるDVDは、さまざまな用途で使用されています。両面2層のDVDは、最大で約17GBのデータを記録でき、CDより大容量であるため、主に映画やビデオなどの記録媒体として使われています。

③ Blu-ray Disc (ブルーレイディスク)

Blu-ray Discの概観もCDやDVDとほぼ同じ直径約12cmの円盤で、CD-ROMやDVDよりも高い密度で記録されていて、波長が405nmの青紫色レーザー光を使って情報を読みます。Blu-ray Discは、記録層がより高密度で設計されているため、DVDよりも大容量です。一般的なシングルレイヤーのBlu-ray Discは25GB、デュアルレイヤーのものは50GBの容量があります。また、BD XL (Blu-ray Disc eXtended Layer)という規格もあり、片面で3層（最大約100GB）または4層（最大約128GB）の記録に対応しています。Blu-ray Discは、映画やテレビ番組の保存、ビデオゲーム、データバックアップなど、さまざまな用途で利用されています。また、Dolby TrueHDやDTS-HD Master Audioなどの高解像度オーディオコーデックを使用しています。3D映像をサポートしているものもあり、対応する3Dテレビと再生機器で3D映像を楽しむことができます。1回だけ書き込みできるBD-R（Blu-ray Recordable）や複数回書き換えができるBD-RE（Blu-ray Rewritable）も存在します。

d) USBフラッシュドライブ（**USB flash drive**）、USB メモリ

フラッシュメモリを記憶媒体として使用し、**USB**(Universal Serial Bus)端子に直接接続できる記憶装置です。フラッシュメモリは不揮発性で、電源を切ってもデータ

が保持される書き換え可能なICメモリです。フローティングゲートトランジスタという特殊なトランジスタを使用し、電荷の蓄積によってデータの1と0を記憶しています。一般的には、NAND型フラッシュメモリが使用され、繰り返しの書き込みと消去に耐えるように設計されており、比較的長寿命です。USBフラッシュドライブは小型で携帯性があり、データの転送やバックアップ、携帯データの持ち運びなどに利用されています。

　USBとは、パソコンと周辺機器を接続するための規格です。USBの規格は複数あり、理論上の最大データ転送速度は、USB2.0(Hi-Speed)では480Mbps、USB3.1 Gen1(SuperSpeed、旧称USB3.0)では5Gbps、USB3.2 Gen2(SuperSpeed+、旧称USB3.1 Gen2)では10Gbps、USB3.2 Gen2×2(SuperSpeed USB 20Gbps)では20Gbps、USB4では40Gbpsです。なお、**bps**とはbits per secondの略でデータ転送速度の単位です。1Mbpsとは1秒間に1M (10^6) ビット、1Gbpsとは1秒間に1G (10^9) ビットのデータを転送できることを意味します。[応用問題]の問題6を参照して下さい。

e) クラウドストレージ

　インターネット経由でデータを保存し、どこからでもアクセスできるようにするサービスです。**クラウドストレージ**を使用すると、複数のデバイス間でデータを同期できます。また、特定のデータやフォルダを他のユーザーと共有することも可能です。たとえば、Google Drive、Microsoft OneDrive、Dropbox、Amazon S3がクラウドストレージとして利用できます。データのバックアップ、共有、リモートアクセスに加えて、安全性の向上、災害時のデータ保護、コスト削減など、さまざまな用途で使用され、個人ユーザーやビジネスにとって有益なサービスです。

f) 磁気テープ記憶装置

　企業やデータセンターでは、現在も**磁気テープ**がデータの長期保存や災害復旧のバックアップ手段として使用されています。特に大容量のデータの長期保存やアーカイブに利用されています。ただし、**磁気テープ記憶装置**はシーケンシャルアクセス（順次アクセス）方式であるため、データのアクセス速度はHDDやSSDに比べて遅いこと、リアルタイムなデータ処理には向かないこと、物理的な保管スペースが必要であることなどが欠点です。しかし、長期間データを保存する必要がある場合、磁気テープはデータ保持能力が高く、物理的なダメージにも強く、かつ低コストであるため、有利です。

13.7 記憶階層

　多くの記憶装置を説明しましたが、コンピュータではこれらの記憶装置を適切に組み合わせて使っています。13.1節で説明したように、コンピュータ全体としての**アクセス速度と記憶容量とのバランス**を考えて、どの記憶装置をどこに使うかを決めています。具体的には表13.6に示す**記憶階層**を構成しています。

表13.6　記憶階層　【重要】

使用場所	記憶装置の例	記憶容量	アクセス速度	価格/ビット
CPU（レジスタ）	SRAM	少ない　100B	速い　1ns	高い
キャッシュメモリ	SRAM	1MB	10ns	
主記憶装置	DRAM	1GB	100ns	
補助記憶装置	ハードディスク	1TB　多い	10ms　遅い	安い

　コンピュータの頭脳はCPUです。CPUの処理速度は非常に速く、ns（10^{-9}s）のオーダー（order：次数）で処理されます。一方、補助記憶装置へのアクセス時間はms（10^{-3}s）のオーダーです。これらの速度差を埋めるために表13.6に示すように異なる性能を持った記憶装置を組み合わせています。コンピュータでは、**上位に記憶容量は少ないがアクセス速度の速い記憶装置を配置し、下位にアクセス速度は遅いが記憶容量の多い記憶装置**を配した、**記憶階層**を構成しています。すなわち、アクセス速度、記憶容量、価格の異なる記憶装置をうまく組み合わせて、コンピュータ全体としての性能を向上させるように工夫しています。なお、表13.6の記憶容量やアクセス速度の数値は技術の進歩とともに変化するものであり、およその目安として見て下さい。次に、この表について詳しく説明します。

　CPU内には100B程度のレジスタと呼ばれる記憶装置がありますが、これはCPU内の演算装置などと同じ位のアクセス速度が要求されるので、アクセス速度の速いSRAMのICメモリが使われます。しかし高速のSRAMは高価なため、記憶容量を増やすことができません。

　主記憶装置にはSRAMより価格の安いDRAMを使います。最近のパソコンの主記憶装置の記憶容量は1GB程度になっています。レジスタと主記憶装置とのアクセス速度は100倍程度異なるので、この速度差を埋めるために図11.2に示す**キャッシュメモリ**（cache memory）を使います。

　主記憶装置には多くの情報が格納されていますが、普通同じデータを何度も読みます。そこで、主記憶装置に記憶されているデータのうち最近アクセスしたデータをキャッシュメモリにコピーしておき、CPUはまずキャッシュメモリにアクセスに行き、アクセス時間の短縮をはかります。これがキャッシュメモリを使う理由です。もちろん、キャッシュメモリにデータが存在しない時は主記憶装置へアクセスに行きますが、キャッシュメモリに必要なデータが存在する確率が高ければ主記憶装置へアクセスに行くより速くアクセスできます。この確率のことを**ヒット率**と呼びます。なお、cacheとは隠し場所という意味です。キャッシュメモリは**緩衝記憶装置（バッファメモリ）**とも呼ばれます。

　主記憶装置の記憶容量は補助記憶装置より少なく、すべての情報を主記憶装置に格納することはできません。そこで、コンピュータで使う各種の応用プログラムや画像データなどは普通ハードディスクに記憶しておき、必要な時に主記憶装置に移します。ハードディスクなどの補助記憶装置は主記憶装置に比べるとアクセス速度は遅いが、ビットあたりの価格が安く、多くの情報を記憶できます。

　また、補助記憶装置は不揮発性メモリであり、電源を切っても情報を記憶していますが、主記憶装置やレジスタは揮発性メモリなので電源を切ると記憶していた情報は消えます。そこで、コンピュータで処理した情報（作成した文章や画像など）は補助記憶装置に記憶してからコンピュータの電源を切ります。

Column

大量生産するとなぜ IC は安くなるか

　ICは多数のトランジスタなどを集積した回路です。これらの回路素子は金属（例：アルミニウム、Al）などで結線されています。回路素子や配線を平面図形に変換してICを作ります。何種類もの平面図形が写真の現像と同じ原理でICの表面に何層も焼き付けられます。この平面図形のネガフィルムに相当するものを**マスク**（mask）と呼んでいます。ICを製造するには十数種類のマスクが必要になり、このマスクを作るのに高度な技術が必要になります。

　たとえば、16GビットのDRAMは、1個のICの中に約160億ビット記憶できることを意味します。そこで、1cm角のICに100億（10^{10}）個のトランジスタがある場合を考えてみます。このICでは1辺（1cm）に10万（10^5）個のトランジスタが並ぶことになります。トランジスタの1辺の長さは10万分の1cm、すなわち0.1μm（10^{-4}mm）になります。これらのトランジスタをつなぐ配線の太さ（幅）は0.1μm以下になります。それゆえ、ICの原版であるマスクは、0.01μm程度の精度で線を描いて製造する必要があり、高度の製造技術を必要とするので、高価格になります。

　ICには複雑な電子回路が組み込まれています。この回路図を平面図に変換し、マスクを製造します。すなわち、マスクの平面図は回路図を反映しています。ICの元になる回路図が間違っていたら、ICは正しく動作しません。回路図が間違っている場合はマスクを作り直す必要があります。製造されたICが正しく動作することを確認するまでに多くの時間と費用がかかります。一度正しく動作するICができれば、同じマスクを使ってICを大量に生産できます。ICそのものを生産する費用は安価ですが、それまでの設計やマスク作成にお金がかかります。言い換えれば、**ICの特徴は同じ物を大量に生産すると安くなる**ことです。1個作るのは高くなりますが同じ物を大量に作ると1個あたりの価格は安くなります。

本章の要点

1．記憶装置はアクセス速度が速く、記憶容量が多く、価格が安いほど良い。
2．性能の異なる多種類の記憶装置を組み合わせて、記憶階層を構成し、コンピュータ全体の性能が向上するようにしている。

演習問題

基礎問題

1．次の文章の空欄に入れるべき適切な語句を解答群から選んで下さい。

　　記憶装置の性能を評価する評価尺度は複数あります。情報を読み書きできる速さを表す（　1　）、どの程度の情報量を記憶できるかを表す（　2　）、ビットあたりの（　3　）などが、性能の目安になります。

　　アクセス方法には、アドレスの先頭から順番にアクセスする（　4　）アクセスと、アクセス時間がアドレスに依存しない（　5　）アクセスの2通りあります。

　　記憶装置はROMとRAMに分類できます。（　6　）は読むことはできるが情報を書き込めないという欠点がありますが、情報を保持するのに電源が（　7　）という長所があります。一方、（　8　）は情報を読むことも書くこともできますが、情報を保持するのに電源を（　9　）とします。

　　解答群　　アクセス速度、価格、記憶容量、ランダム、順、ROM、RAM、不要、必要

2．次の文章の空欄に入れるべき適切な語句を解答群から選んで下さい。

　　コンピュータの記憶装置は、（　1　）をしており、多くの種類の記憶装置を使っています。すなわち、上位の記憶階層には記憶容量は（　2　）がアクセス速度が（　3　）記憶装置を用い、下位の記憶階層にはアクセス速度は（　4　）が、記憶容量が（　5　）記憶装置を用います。また、主記憶装置とCPUとのアクセス速度の差を埋めるために（　6　）を使います。

　　上位の記憶階層にはCPU内の（　7　）、下位の記憶階層には補助記憶装置の（　8　）などがあります。

　　解答群　　階層構造、補助階層、IC階層、少ない、多い、速い、遅い、
　　キャッシュメモリ、レジスタ、ハードディスク、主記憶装置

3．次の記憶装置をアクセス速度の速い順に並べて下さい。

　　レジスタ、ハードディスク、主記憶装置、バッファメモリ

標準問題

1．コンピュータの記憶装置は階層構造をしています。階層構造にする理由を説明して下さい。
2．コンピュータの記憶装置の階層構造を、具体例をあげて説明して下さい。

３．次の文章の空欄に入れるべき適切な語句を解答群から選んで下さい。

　　　RAMには、DRAMとSRAMがあります。DRAMはコンデンサーに蓄積された
　（　　1　　）で、SRAMは（　　　2　　　）で0と1を記憶しています。DRAMは
　（　　3　　）が必要という欠点がありますが、SRAMより（　　　4　　　）という長所
　があります。（　　5　　）にはDRAMが使われています。

　　　解答群　　電荷の有無、フリップフロップ回路、加算回路、主記憶装置、
　　　　　　　　補助記憶装置、不揮発性記憶装置、揮発性記憶装置、リフレッシュ、
　　　　　　　　ビットあたりの価格が高い、集積度が高い、アクセス速度が速い、
　　　　　　　　アクセス速度が遅い

　応用問題

１．次の用語ともっとも関係の深い語句を解答群から選んで下さい。
　　　a) 主記憶装置　　　　　b) 緩衝記憶装置　　　　　c) 磁気記憶装置
　　　d) フラッシュメモリ　　e) 読み出し専用記憶装置　f) リフレッシュ
　　　g) 順アクセス　　　　　h) プログラム内蔵方式　　i) 集積回路
　　　j) 中央処理装置

　　　解答群　　CPU、IC、HD、DRAM、SRAM、RAM、ROM、random、sequential、
　　　　　　　　メインメモリ、フォン・ノイマン方式、キャッシュメモリ、USBメモリ

２．次の記憶装置を記憶容量の大きい順に並べて下さい。
　　　a) ハードディスク　　　b) レジスタ　　　c) 主記憶装置　　　d) キャッシュメモリ

３．前問のa)〜d)の記憶装置をアクセス速度の速い順に並べて下さい。

４．コンピュータにおける主記憶装置と補助記憶装置の役割を、その違いがわかるよう
　に説明して下さい。
　　　ヒント　　11.1節および13.7節参照

５．主記憶装置の他にキャッシュメモリを使うと、コンピュータの処理速度が速くなり
　ます。その理由を説明して下さい。
　　　ヒント　　11.1節および13.7節参照

６．ファイル容量3GBの画像ファイルがハードディスクに保存されている。このファイ
　ルをUSBメモリに保存するには何秒かかるかを求めて下さい。なお、データ転送速
　度は480Mbpsとする。
　　　ヒント　　1B（バイト）= 8bit　　1Mbps = 10^6bps
　　　　　　　　bps = bits per second = bits / second

第**14**章 出力装置と画像・音のデジタル化

　画面やプリンタに文字や画像を表示します。これらはどのようにして表示されるのかを、簡単に説明します。また、カラー表示についても説明します。

　第5章で文字のデジタル化について説明しましたが、この章では、画像や音のデジタル化の原理についても簡単に説明します。

本章の重要語句

（1）フォント　　（2）ビットマップフォント　　（3）アウトラインフォント

（4）液晶　　（5）画素　　（6）RGB　　（7）光の三原色　　（8）レーザビームプリンタ

（9）色の三原色　　　（10）CMYK　　　（11）インクジェットプリンタ

（12）解像度　　（13）dpi　　（14）標本化　　（15）量子化　　（16）符号化

本章で理解すべき事項

（1）フォントと印刷の原理　　（2）カラー表示の原理　　（3）画像のデジタル化

（4）音のデジタル化　　　（5）標本化周波数　　　（6）標本化定理

14.1 文字のフォント

　コンピュータの内部では文字は文字コード(2進数)で処理されています。画面やプリンタに文字を表示する時は、この文字コードを文字の形(パターン)に変換する必要があります。この節では、文字の形をどのようにして決めているかを説明します。文字の書体(活字の型)を**フォント**(font)と呼びます。代表的なフォントにビットマップフォントとアウトラインフォントがあります。

（1）ビットマップフォント

　　ビットマップフォントとは文字を白と黒の点の集まりで表現する書体です。たとえば、アルファベットのAという文字を横8個、縦8個(合計64個)の白と黒の正方形の集まりで表現すると、図14.1のa)のようになります。このように白と黒の正方形の集まりで文字を表現できます。正方形の代わりに円を使っても同じように表現できます。初期のプリンタはこの方法で文字を表現していました。このように文字を

点（**ドット**：dot）の集まりで表現したフォントをビットマップフォント (bitmapped font) と呼びます。

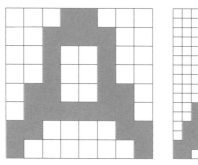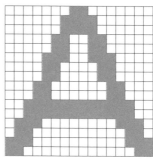

　　　a) 8×8のビットマップフォント　　　b) 16×16のビットマップフォント

図14.1　正方形の集まりで表現した文字「A」

　ビットマップフォントでは曲線を滑らかに表現できません。図14.1のa)の正方形の1/4倍（縦、横とも長さが1/2倍）の正方形を横16個、縦16個（合計256個）で表現すると図14.1のb)のようになります。図14.1のa)よりb)の方が滑らかですが、もっと滑らかにするには、正方形の数をもっと増やす必要があります。また、画数が多い「巌」や「曇」のような漢字は16×16程度のビットマップフォントでは表現できません。そのため、画数の多い漢字を美しく表示するには、ドット数をさらに多くする必要があります。

　一方、文字を表現するにはこの白と黒のパターンを記憶しておく必要があります。図14.1のb)は256個の正方形があるので、1文字記憶するには256ビットの記憶容量が必要です。曲線が滑らかな美しい文字を表現するには正方形の数を多くする必要があり、多くの記憶容量が必要になります。

　プリンタに印刷する時、1つの文字でも何種類もの文字のパターンがあります。この本は普通、明朝体を使っていますが、重要語句は**ゴシック体**を使っています。また、斜めの*イタリック体*もあります。さらに、活字の大きさも何種類もあります。これらを組み合わせると、1文字に対して10種類以上のパターンが必要になり、これらを全部記憶するにはさらに多くの記憶容量が必要になります。ビットマップフォントにはこのような問題点があります。

（２）アウトラインフォント

　文字を正方形（点）の集まりで表現するのではなく、文字の外形を曲線に分解し、曲線の組合せで文字を表現する方法があります。たとえば図14.2に示すように、文字の外形を、長さを表す変数（a、b、c）や、角度を表す変数（α）の組合せで表現できます。文字の大きさを2倍にするには、長さを表す変数の値を2倍にするだけです

みます。図14.2は直線しか使っていませんが、もちろん2次曲線などの曲線を使っ て文字の外形を定義することもできます。このようにして表現した文字を**アウトラインフォント**(outline font)と呼びます。この方法では曲線も美しく表現できます。また、大きさの異なる文字はパラメタの値を変えるだけなので、それほど多くの記憶容量を必要としません。最近はアウトラインフォントが多く使われています。

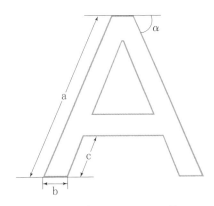

図14.2 アウトラインフォントの例

たとえば、Windowsには、拡張子ttfのOpenTypeと、拡張子ttcのTrueTypeがアウトラインフォントとして、拡張子fonのフォントファイルがビットマップフォントとしてインストールされています。

14.2 ディスプレイのカラー表示

前節で述べた文字のフォントが決まれば、画面(ディスプレイ:display)に文字を表示できます。最近はTV・パソコン・スマートフォンなどでも**液晶ディスプレイ**(LCD:Liquid Crystal Display)が広く使われています。ここでは液晶ディスプレイの表示方法について説明します。

多種類の液晶ディスプレイがありますが、バックライト型の液晶ディスプレイを説明します。液晶そのものは光を出しません。バックライト型では液晶の裏側に光源があり、液晶の両側に偏光板があります。液晶ディスプレイの裏側にある光源から出た光は、光源 → 裏側の偏光板 → 液晶 → 前側の偏光板と進み、液晶ディスプレイの表面に光が到達します。

ここで、光の偏光と偏光板について簡単に説明します。光は横波であり、進行方向に垂直に振動しています。光源から出る光は、進行方向に垂直な面のあらゆる方向に振動している自然光ですが、偏光板を通過すると特定の方向に振動する光のみが通過します。このような光を偏った光といい、**偏光**と呼びます。**偏光板**は特定の方向(これを偏

光面と呼ぶ)に偏光した光のみを通す性質を持っています。偏光面が90°異なると、偏光した光は偏光板を通過できません。液晶を通った光は偏光面が回転し、この回転角度は液晶に印加する電圧により変わります。

　白黒の液晶ディスプレイでは、液晶に印加する電圧を制御して偏光面の回転角度を0°あるいは90°にし、光源の光を通したり遮ったりして、文字や画像を表示しています。たとえば、横640、縦480の点で画面全体を表示する液晶ディスプレイを考えます。画面全体では640×480 = 307,200≒30万個の点(小さい液晶)があり、この1つひとつの点を**画素(ピクセル**：pixel)と呼びます。この小さい液晶1個1個に印加する電圧を制御して、光源の光を通したり遮ったりして、画面に文字や画像を表示しています。1文字を図14.1のb)に示すように、縦横とも16個の点(画素)で表示すると640/16 = 40となり、1行に40文字、480/16 = 30となり、1画面に30行表示できることになります。図形も画素の白黒の集まりで表示できます。

　カラーの液晶ディスプレイの場合は、白色光の光源と液晶との間にRGB(赤:Red、緑:Green、青:Blue)の3色の色フィルターを入れ、この3色の光の組み合わせで多くの色を表示します。この3色を**光の三原色**と呼び、この色の表現方法を**加法混色**と呼びます。3色が発光するか否かの組み合わせですから、3ビットの情報になり、$2^3 = 8$色のカラー表示が可能になります。表14.1に表示できる色を示します。表14.1の0は発光していないことを、1は発光していることを表します。1行目は3色とも0で発光していないので、黒になります。一番下の行は3色とも1で発光しているので、白になります。このように、3色の組み合わせで8色の表示が可能になります。

表14.1　光の三原色の組み合わせと発光色

赤 (Red)	緑 (Green)	青 (Blue)	表示される色
0	0	0	黒　(black)
0	0	1	青　(blue)
0	1	0	緑　(green)
0	1	1	青緑 (cyan)
1	0	0	赤　(red)
1	0	1	赤紫 (magenta)
1	1	0	黄　(yellow)
1	1	1	白　(white)

　表14.1では各々の色が発光するか否かの2つの状態を考え、1つの色を1ビットで表現しています。しかし、最近は1つの色を8ビットで表現し、**フルカラー**にしています。1つの色が8ビットですから、$2^8 = 256$色表示できることになります。たとえば、明るい赤から暗い赤まで256**階調**の発光を考えます。RGBの3色あるので、$256^3 = (2^8)^3 = 2^4 \times 2^{20} = 16$

$\times 2^{20} \fallingdotseq 1677$万色になります。普通、これをフルカラーと呼んでいます。

　横640、縦480のディスプレイ（VGA）の場合、画素の数は前述したように約30万個になり、白黒（1画素あたり1ビット）の画面の情報を記憶するには約30万ビットの記憶容量が必要になります。横1920、縦1080のフルHD（High Definition）あるいはフルハイビジョンと呼ばれるディスプレイ（FHD）が一般的になりました。この場合、1920×1080 = 2,073,600画素で、白黒画面の場合は259,200バイト$\fallingdotseq$26万バイトの記憶容量が必要です。フルカラーでRGBの3色を表現する場合、白黒画面の24倍(8ビット×3色 = 24倍)、すなわち約6MBの記憶容量が必要になります。

　高解像度の4Kディスプレイ（3840×2160）や8Kディスプレイ（7680×4320）も増えてきています。4Kディスプレイでは、画素数は3840×2160 = 8,294,400画素になり、白黒の場合で8,294,400ビット、つまり1,036,800バイト（$\fallingdotseq$1MB）が必要です。フルカラーの場合はその24倍、すなわち約24MBの記憶容量が必要です。8Kディスプレイでは、画素数は7680×4320 = 33,177,600画素となり、白黒の場合で33,177,600ビット、つまり4,147,200バイト（$\fallingdotseq$4MB）の記憶容量が必要です。フルカラーの場合はその24倍、すなわち約95MBの記憶容量が必要になります。

14.3　カラー印刷

　プリンタには、熱転写プリンタ、インクジェット(ink-jet)プリンタ、**レーザビームプリンタ**(LBP)など、多くの種類があります。

　液晶ディスプレイでは光の三原色を考えましたが、プリンタの場合は**色の三原色**を考えます。色の三原色は青緑(**シアン**：Cyan)、赤紫(**マゼンタ**：Magenta)、黄(**イエロー**：Yellow)です。光の三原色を混ぜる（同時に発光する）と白になりますが、色の三原色の絵の具を混ぜると黒になります。この違いに注意して下さい。この色の表現方法を**減法混色**と呼びます。実際には、色の三原色の青緑、赤紫、黄だけでは黒を綺麗に印刷できないので、色の三原色に黒(**ブラック**、または**カーボンブラック**：blacK)を追加した4色(CMYK)を使います。

　インクジェットプリンタは細いノズルからインクを飛ばし、それで文字や絵を描きます。カラー印刷の時は普通、青緑、赤紫、黄、黒の4色のインクを使います。

　ディスプレイやプリンタの性能の1つに**解像度**があります。どのくらいきめ細かく表示できるかを表す指標が解像度です。ディスプレイの場合、横×縦の画素数で表現できます。640×480より1920×1080のディスプレイのほうが解像度が高くなります。プリンタの場合、1インチ(約25.4mm)当たりの点（ドット）の数**dpi**(dots per inch)で解像度を表現します。たとえば、1インチ当たり1200個の点で文字を印刷できるプリンタの解像度は1200dpiです。

14.4　デジタル画像における色の表現

　第5章で文字のコード化、すなわち文字を2進数で表現する方法を説明しました。コンピュータでは文字のほかに画像や音声も取り扱っています。これらの情報もコンピュータ内部では2進数、すなわち0と1で表現して処理しています。この節では画像のデジタル化について説明します。

　画像も多くの点の集まりで表現できます。文字の場合、図14.1に示したような白と黒の点の集まりで表現できました。白黒の画像の場合も同じように白黒の点の集まりで表現できます。白と黒を2進数の0と1に対応させれば、画像を2進数で表現できます。

　白黒の画像の場合、1つの点は白か黒のどちらかであるので1ビットで表現できました。カラーの場合、1つの点に色の情報を記憶するために多くのビットが必要となります。たとえば、1つの点に3ビットを割り当てれば$2^3 = 8$なので、8色のカラーの画像を表現できます。14.2節で説明したように、1つの点に24ビットを割り当てれば1,677万色の画像を表現できます。

　デジタルカメラやスマートフォンなどで撮影した画像はこのようにしてデジタル化し、このビットマップ化した情報をJPEGと呼ばれる方式で情報量を圧縮して記憶しています。

14.5　音のデジタル化

　コンピュータでは音も2進数で表現しています。この節では音のデジタル化とデジタル化に伴う誤差について説明します。人間の声や音楽などの音は波で表現できます。この波の形を標本化（時間軸のデジタル化）、量子化（振幅のデジタル化）、符号化（量子化された値のビット列への変換）の3つのステップでデジタル化します。

（1）標本化（**サンプリング**）
　音は図14.3の実線のような波の形（曲線）で表現できます。図14.3の横軸は時間で、縦軸は振幅です。この波の振幅を一定の時間間隔で測定します。連続した時間を短い時間に区切る、すなわち、時間軸でデジタル化することを**標本化**と呼びます。なお、1秒間の測定回数を**標本化周波数**（サンプリング周波数）、測定値を**標本値**と呼びます。たとえば、標本化周波数が1kHzなら1ms間隔で測定したことになり、1秒間で1,000個の標本値が得られます。

（2）量子化
　標本化した時間ごとに振幅を測定しますが、振幅の値（標本値）を四捨五入等の方法で整数化することを**量子化**と呼びます。すなわち、量子化は縦軸（振幅）のデジタル化です。図14.3では破線で示すように、0, 1, 2, 3の整数値にデジタル化しています。このビット数を**量子化ビット数**と呼びます。

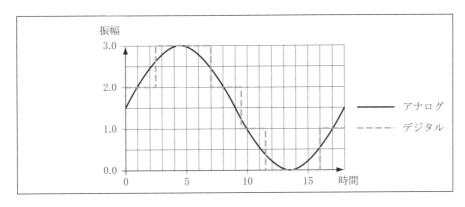

図14.3　音のデジタル化

（3）符号化

　　量子化で得られた整数は10進数ですが、これを2進数に変換するのが**符号化**です。図14.3の場合、振幅は0〜3の整数を量子化するので、各々の標本値を2ビットで符号化できます。

　以上をまとめると、図14.3に示すような実線のアナログの波形を階段状の破線の波形で近似します。元の音の振幅は時間とともに連続的に変化するアナログ量ですが、上記の方法で離散的な(飛び飛びの)デジタル量(2進数)に変換したことになります。

　デジタル化した値は元のアナログ値と異なり、誤差があります。例えばある歌手が歌っている歌をCDに録音し、このCDを再生すると、スピーカーから聞こえてくる歌は歌手が歌っている元の歌とは完全には同じではありません。これは、歌手が歌っているアナログの歌をデジタル化してCDに録音するときに誤差が生じるためです。この誤差には、図14.3の横軸(時間軸)をデジタル化して標本化したことに起因する**標本化誤差**と、縦軸の振幅をデジタル化したことに起因する**量子化誤差**の2種類があります。標本化周波数を高くすると標本化誤差は小さくなり、量子化ビット数を増やすと量子化誤差は小さくなります。

　次に、標本化周波数に関する**標本化定理**（サンプリング定理、ナイキストの定理）について説明します。元の音には多くの周波数成分が含まれていますが、低い標本化周波数（サンプリング周波数）で標本化すると、高い周波数の音を再現できません。標本化周波数を高くすると、高い音まで再現できます。これに関して、1949年にクロード・シャノンと染谷勲が独立に証明した**標本化定理**が知られています。この定理によれば、**元の音に含まれる最大周波数Fの2倍の周波数2Fで標本化（サンプリング）すれば、周波数がF以下の音は再現される**ことになります。普通の人間は20kHz程度の音より高周波数の音を聞き取れないので、40kHz程度の標本化周波数で標本化すれば十分といえます。

　なお、1秒間の音楽を標本化周波数が1kHz、量子化ビット数2でデジタル化すると、標本値（サンプル数）は1,000個なので、モノラルで録音したときの記憶容量は1,000×

2 ＝ 2,000ビットになります。音楽用のCDでは、標本化周波数が44.1kHzで、16ビットで量子化されており、ステレオ録音なので、1秒間の音楽を録音すると、44,100×16×2 ＝ 1,411,200ビット ＝ 176,400 バイトの記憶容量になります。

14.6　インターネット配信における動画の圧縮

　動画には音声だけでなく、映像も含まれているため、ファイルの大きさはとても大きなものになります。このため、YouTubeなどで配信されている動画を視聴するためには、動画を効果的に圧縮することによって、高い画質を維持しながらインターネットの帯域幅の使用量を減らすことが不可欠です。現在、インターネット配信において、次の**圧縮方式**や**コーデック**が主に使用されています。

a) H.264/AVC (Advanced Video Coding)

　H.264は、高い圧縮効率と優れた品質を備えた動画コーデックで、最も広く使用されている動画圧縮標準の1つです。YouTubeやVimeo、一部のストリーミングサービスにおいて広く使用されています。動画ファイルの拡張子は、mp4、mkv、mov、aviなどがよく用いられます。

b) H.265/HEVC (High Efficiency Video Coding)

　H.265はH.264の進化形で、同じ画質を維持しながらより高い圧縮効率を提供します。H.265は、4K、8Kの動画や非常に高いフレームレートをサポートするため、帯域幅の節約に効果的です。H.264も4Kや高いフレームレートをサポートしていますが、圧縮効率が低いため、H.265の方が適しています。動画ファイルの拡張子は、mp4、mkv、movなどが一般的です。

c) VP9

　VP9はGoogleが開発したコーデックで、YouTubeで使用されています。圧縮効率と品質がH.265に匹敵し、オープンソースで利用できるため、広く採用されています。動画ファイルの拡張子は、webmやmkvが一般的に使用されています。

d) AV1 (AOMedia Video 1)

　AV1は、Alliance for Open Mediaによって開発されたオープンソースでロイヤリティフリーの次世代動画コーデックで、高い圧縮効率と良好な品質を実現します。YouTubeやNetflixなどで一部のコンテンツに使用されています。動画ファイルの拡張子は、webmやmkvが広く採用されています。

　音声に関して、一般的なコーデックとして**AAC**（Advanced Audio Coding）や**Opus**が使用されています。MPEG-2は、動画と音声の圧縮を含む重要な規格であり、DVDや一部の地デジ放送などで採用されています。しかし、H.264やHEVCなどの新しい圧縮方式の導入により、MPEG-2からこれらの方式への移行が進んでいます。MPEG-4は、動

画、音声、インタラクティブメディアなどを含む広範な規格で、さまざまなプロファイルやレベルで多様な機能を提供しています。特に、MPEG-4 Part 2は低ビットレートの動画圧縮に対応し、携帯電話やインターネット動画、ビデオ通話などで利用されています。動画コーデックにはさまざまな標準と規格が存在し、使用状況やアプリケーションによって最適なものが異なります。

Column

ノートパソコンのカタログ

あるWindowsノートパソコンの仕様を抜粋し、表14.2に示します。

表14.2　ノートパソコンのカタログの例

プロセッサ(CPU)	Core i7-1355U (10コア、12MBキャッシュ、最大5.00 GHz)
メモリ	8GB、16GB、32GB SO-DIMM DDR4-3200
ストレージ	256GB、512GB、1TB M.2 SSD (PCIe NVMe)
ディスプレイ	フルHD (1920×1080)
インタフェース	USB Type-C、USB 3.2 HDMI 2.1、RJ45

プロセッサ(CPU)：コンピュータの心臓部で、プログラムの指示に従って計算や処理を行います。コアはプロセッサにおける処理ユニットで、コア数が多いほど複数の作業を効率的に処理でき、マルチタスクも快適になります。キャッシュは、CPU 内の高速メモリで、頻繁に使うデータへのアクセスを速くします。5.00 GHz は**クロック周波数**で、1 秒間に 50 億回の動作が可能な速度を示します。

メモリ：主記憶装置の容量を指します。日常作業には 8GB で十分ですが、クリエイティブな作業や高度なデータ処理には 16GB 以上が推奨されます。SO-DIMM 形式はノートパソコン向けの小型メモリモジュールです。DDR4-3200 は、データの転送速度は 3200MT/s(メガトランスファー/秒)です。

ストレージ：SSD は従来の HDD に比べて読み書きが高速で、パソコン全体の動作を大幅に改善させます。M.2 は小型化された新しい規格の SSD で、PCIe NVMe は SATA よりも数倍速い速度でデータ転送が可能です。

　ディスプレイ：フル HD 解像度のディスプレイは、1920×1080 画素（ピクセル）を表示可能です。

　インタフェース：USB Type-C は、充電、データ転送、外部ディスプレイ接続などの多機能に対応しています。USB 3.2 は最大 10Gbps のデータ転送をサポートし、外部デバイスとの接続が高速です。HDMI 2.1 は高解像度映像に対応しており、4K や 8K の外部ディスプレイへの接続に便利です。RJ45 ポートを利用して、高速かつ安定した有線 LAN 接続も可能です。

Column

ノーベル賞の青色 LED

　青色LED（発光ダイオード）の発明で赤崎勇氏、天野浩氏、中村修二氏の3名の方に2014年のノーベル物理学賞が授与されました。光の三原色のRGBのR（赤）とG（緑）のLEDは実現されていましたが、B（青）のLEDの研究は困難で、多くの研究者があきらめました。しかし、3名の方は粘り強く研究を進め、青色LEDの研究に成功されました。光の三原色のR・G・Bがそろったことにより、幅広い色を実現できるようになり、テレビ・パソコン・スマートフォンのディスプレイ、家庭の照明、道路の信号機などに使われるようになりました。高効率で長寿命のLEDは省エネルギーにも大きく寄与しています。

本章の要点

1．文字の書体をフォントと呼びます。
2．フォントにはビットマップフォントやアウトラインフォントがあります。
3．画像は画素（ピクセル）の集まりで表現できます。
4．液晶ディスプレイのカラー表示は光の三原色のRGB（赤・緑・青）を使います。
5．カラー印刷は色の三原色のシアン・マゼンタ・イエローの他に黒の4色（CMYK）を使います。
6．コンピュータでは画像も音声もデジタル化して記憶し、データ処理を行っています。

演習問題

1. 次の文章の空欄に入れるべき適切な語句を解答群から選んで下さい。

　　プリンタやディスプレイに表示する文字を多数の点(ドット)の集まりで表現する書体を(1)と呼び、文字の外形を曲線で表現した書体を(2)と呼びます。ビットマップフォントで複雑な文字の曲線などを美しく表示するには、多くのメモリを(3)とします。ディスプレイにカラー表示するには、光の三原色といわれるRGBすなわち(4)の3色が、プリンタでカラー印刷するには色の3原色に黒を追加したCMYKすなわち(5)の4色が使われます。

　　解答群　ビットマップフォント、アウトラインフォント、必要、不要、
　　　　　　(赤、緑、青)、(赤紫、青緑、黄)、(赤、緑、青、黒)、(青緑、赤紫、黄、黒)

2. 画素数640×480のフルカラーで撮影したデジタルカメラの写真1枚を圧縮せず、ビットマップ形式で記憶するには、何Kバイトの記憶容量が必要かを求めてください。

3. 音楽用CD1枚に音楽を70分間ステレオ録音したときの、記憶容量はおよそ何Mバイトになるか求めてください。なお、音楽は次のようにデジタル化されているとする。
　標本化周波数：44.1kHz = 44,100Hz
　量子化ビット数：16ビット

1. 音のデジタル化に関する標本化定理とは何か、を説明して下さい。

1. CDの標本化周波数は約40kHzである。

   a) 原理的にその半分の20kHz、あるいは2倍の80kHzにしてもデジタル化は可能である。標本化周波数が40kHzの場合と比べて、20kHzあるいは80kHzにした場合の長所と短所を説明しなさい。

   b) 上記の議論を踏まえ、標本化周波数を約40kHzにした理由を説明して下さい。

研究課題

　図書館の本やインターネットを使って、下記の事項を調べてレポートにまとめなさい。なお、レポートには出典を明記して下さい。本の場合は著者、本の題名、出版社、発行年、参考にしたページなどを、インターネットの場合にはページタイトルやURLを書いて下さい。ソフトウェアを使って実際に測定をした場合は、使用したソフトウェアの名称や測定方法などを書いて下さい。

1．デジタルカメラで撮影した写真は通常JPEG方式で圧縮されている。ビットマップ形式のファイルをJPEG方式で圧縮すると、ファイル容量はどのくらい圧縮されるか調べて下さい。

2．デジタルカメラで撮影した写真をメールの添付ファイルで送る場合、ファイル容量があまり大きくならないようにしたほうが良い。画素数を少なくするとファイル容量が小さくなるが、画質が悪くなる。ペイントなどの画像処理ソフトを使って、画素数、ファイル容量、画質の関係を具体的に調べて下さい。

索 引

著者紹介

青木　征男（あおき　ゆきお）

久留米工業大学 名誉教授
工学博士（大阪大学）

著　書　「例題中心　Cプログラミングの基礎［改訂新版］」ムイスリ出版
　　　　「Emacsを中心とした 初めてのUNIX入門」ムイスリ出版
　　　　「インターネット時代のLinux入門」ムイスリ出版

奥村　進（おくむら　すすむ）

滋賀県立大学 教授
博士（工学）（京都大学）

著　書　「リスクベースマネジメントにおける影響度評価」（共著）養賢堂

1999 年　4 月　 5 日	初　版　第 1 刷発行
2004 年　3 月　24 日	第 2 版　第 4 刷発行
2007 年　3 月　22 日	第 3 版　第 5 刷発行
2012 年　9 月　25 日	第 4 版　第 5 刷発行
2023 年　3 月　31 日	第 5 版　第 16 刷発行
2024 年　2 月　14 日	第 6 版　第 1 刷発行
2024 年 11 月　 8 日	第 7 版　第 1 刷発行

情報の表現とコンピュータの仕組み［第 7 版］

著　者　　青木征男／奥村 進　©2024
発行者　　橋本豪夫
発行所　　ムイスリ出版株式会社

〒169-0075
東京都新宿区高田馬場 4-2-9
Tel.(03)3362-9241(代表)　Fax.(03)3362-9145　振替 00110-2-102907

カット：山手澄香　　　　　　　ISBN978-4-89641-337-3　C3055
印刷・製本：共同印刷株式会社